普通高等教育3D版机械类系列教材

画法几何及机械制图习题集

第2版

主编 张 莹 陈清奎 段 辉
参编 杨璐慧 李 坤 殷 振 齐 康

机械工业出版社

二维码列表

说明：二维码中有图标的表示免费使用，有图标的表示收费使用，需要者可拨打封底的3D资源服务电话购买使用。

题号	二维码	题号	二维码	题号	二维码	题号	二维码	题号	二维码	题号	二维码
1-6-1		2-4-2		2-11		2-17		2-22		2-28	
1-6-2		2-7		2-12		2-18		2-23		2-31	
1-8		2-8		2-13		2-19		2-24		2-32	
1-10		2-9		2-14		2-20		2-26		2-33	
2-4-1		2-10		2-15		2-21		2-27		2-34	

（续）

题号	二维码	题号	二维码	题号	二维码	题号	二维码	题号	二维码	题号	二维码
2-35		3-1-1		3-1-7		3-2-1		3-2-7		4-1-1	
2-36		3-1-2		3-1-8		3-2-2		3-2-8		4-1-2	
2-37		3-1-3		3-1-9		3-2-3		3-2-9		4-1-3	
2-38		3-1-4		3-1-10		3-2-4		3-2-10		4-1-4	
2-39		3-1-5		3-1-11		3-2-5		3-2-11		4-2-1	
2-40		3-1-6		3-1-12		3-2-6		3-2-12		4-2-2	

（续）

题号	二维码	题号	二维码	题号	二维码	题号	二维码	题号	二维码	题号	二维码
4-2-3		4-4-1		4-5-3		4-6-3		4-7-3		4-8-3	
4-2-4		4-4-2		4-5-4		4-6-4		4-7-4		4-8-4	
4-3-1		4-4-3		4-5-5		4-6-5		4-7-5		4-8-5	
4-3-2		4-4-4		4-5-6		4-6-6		4-7-6		4-8-6	
4-3-3		4-5-1		4-6-1		4-7-1		4-8-1		4-9-1	
4-3-4		4-5-2		4-6-2		4-7-2		4-8-2		4-9-2	

（续）

题号	二维码	题号	二维码	题号	二维码	题号	二维码	题号	二维码	题号	二维码
7-7-1		7-10-1		7-13		7-21		8-5		8-9-3	
7-7-2		7-10-2		7-14		7-22		8-6			
7-7-3		7-12-1		7-15		7-23		8-7			
7-7-4		7-12-2		7-16		7-24		8-8			
7-9-1		7-12-3		7-19		8-4-1		8-9-1			
7-9-2		7-12-4		7-20		8-4-2		8-9-2			

目　录

第 1 章　制图的基本知识

班级　　　　姓名　　　　学号

1-1　字体练习（要求用 H 或 HB 铅笔书写）（一）。

练习写长仿宋字要做到字体端正笔画清楚排列整齐写间隔均匀

要领横平竖直注意起落结构匀称填满方格要领横平竖直注意起落结构匀称填满方格要领

123456789012345678901234567

1234567890123456789012345678901234567

班级　　　　姓名　　　　学号

1-1　字体练习（要求用 H 或 HB 铅笔书写）（三）。

A B C D E F G H I J K L M N O P Q R S T U V W X Y Z A

A B C D E F G H I J K L M N O P Q R S T U V W X Y Z A B C D E F G H I J K

a b c d e f g h i j k l m n o p q r s t u v w x y z ø

a b c d e f g h i j k l m n o p q r s t u v w x y z a b c d e f g h i j ø

班级　　　　姓名　　　　学号

1-3　按 1∶2 的比例抄画下列图形，并标注尺寸。

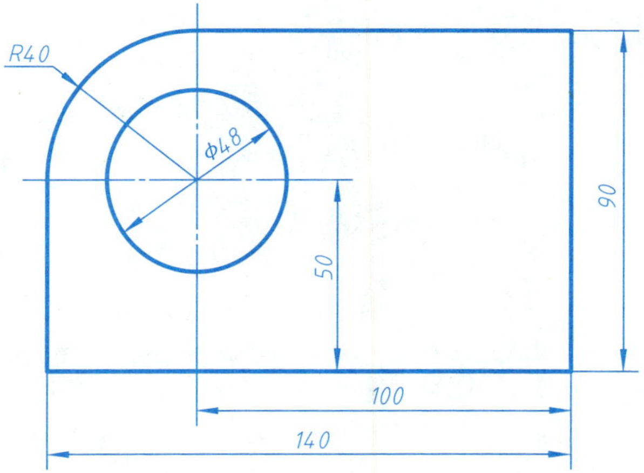

1-4　分析所给出的尺寸标注的错误与不妥，并在下方图形中进行尺寸标注。

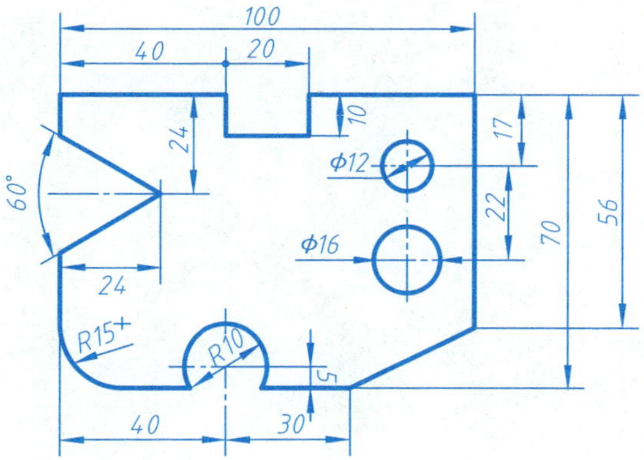

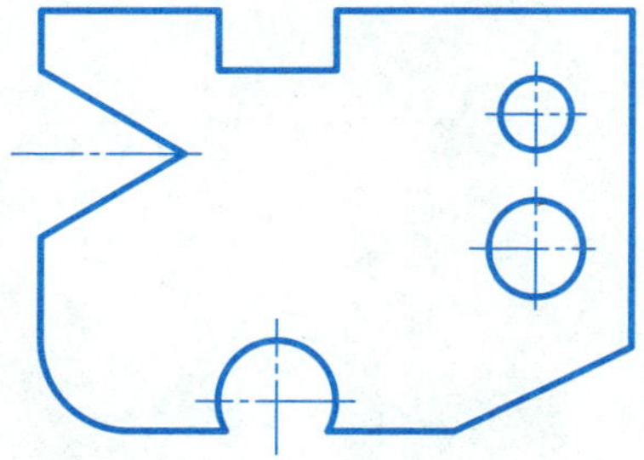

班级　　　　姓名　　　　学号

1-5　按 1：1 的比例标注图形尺寸（从图中量取）。

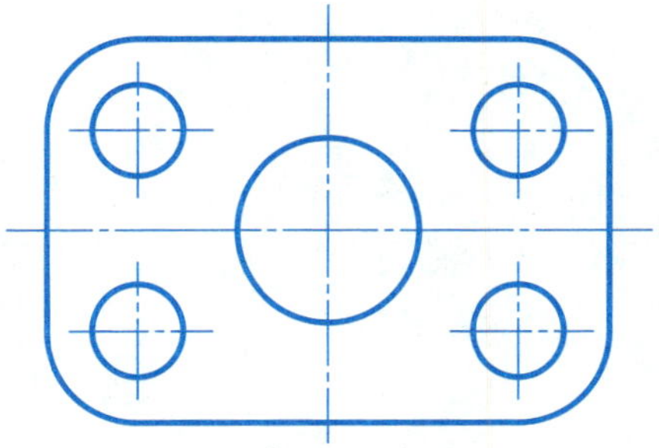

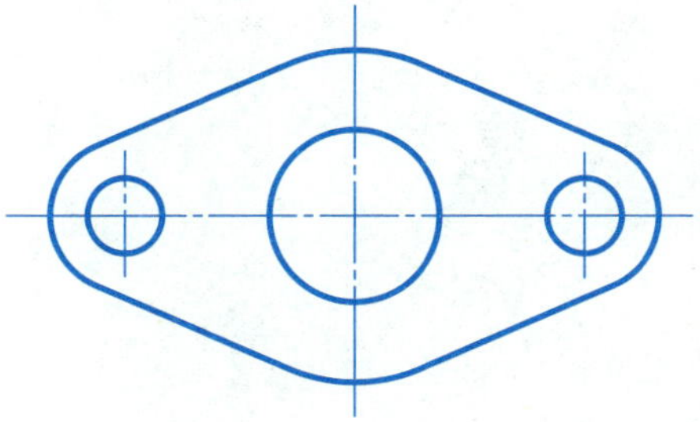

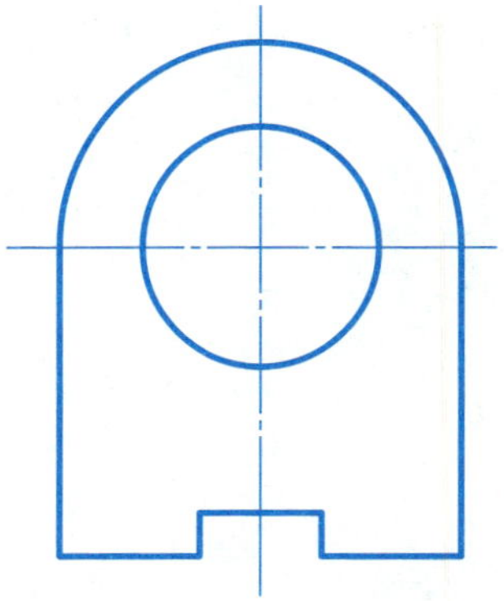

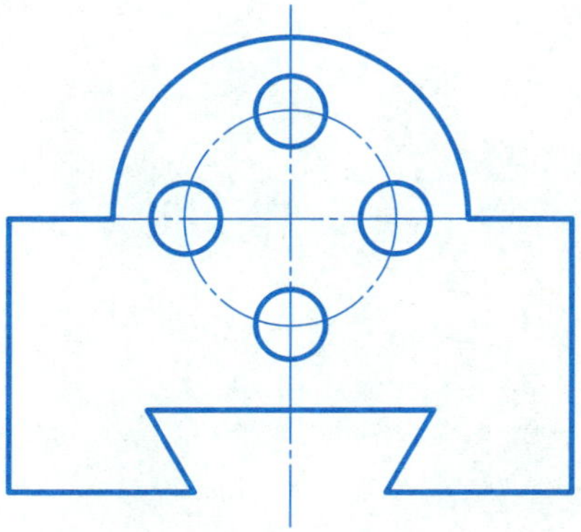

班级　　　　姓名　　　　学号

1-7　作圆的内接正多边形。

1. 作内接正三边形

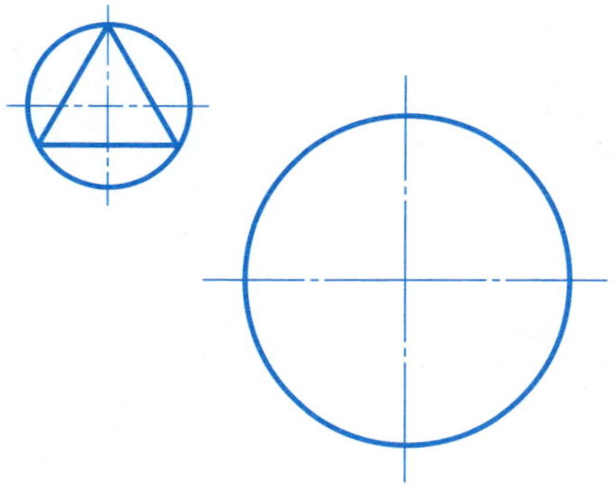

2. 作内接正六边形

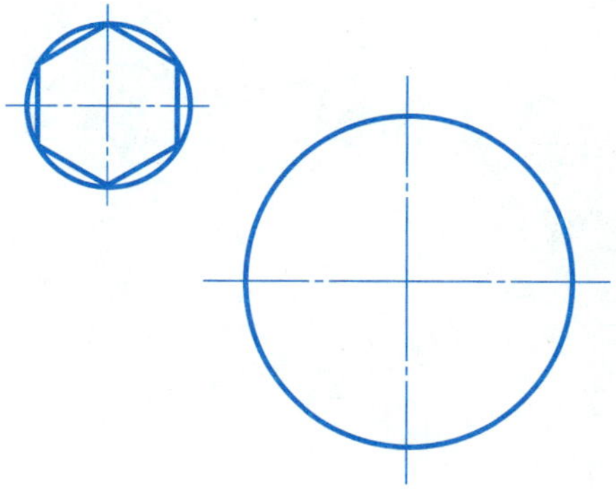

3. 作内接正六边形

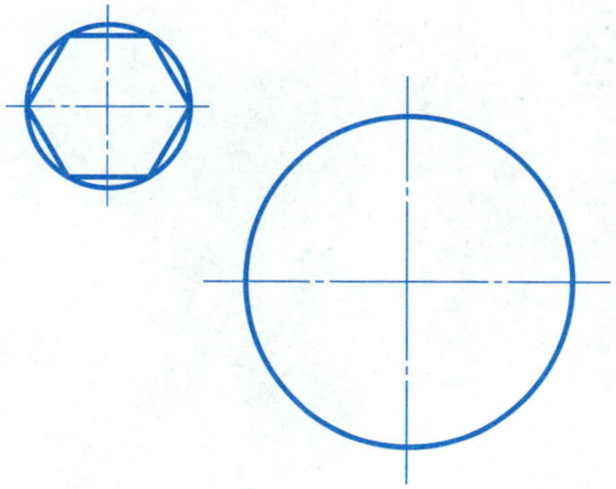

4. 作内接正五边形

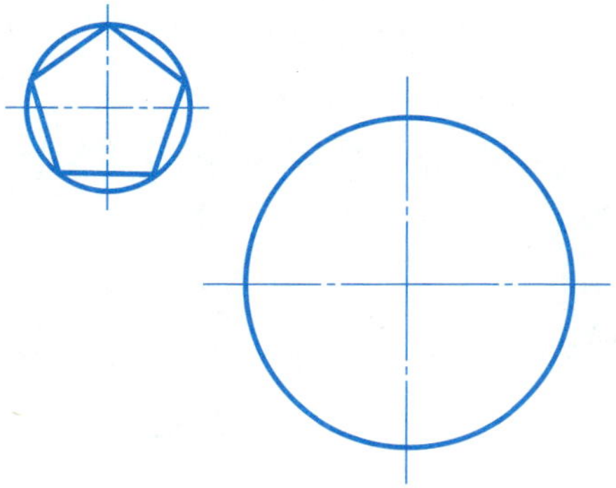

5. 作内接正七边形

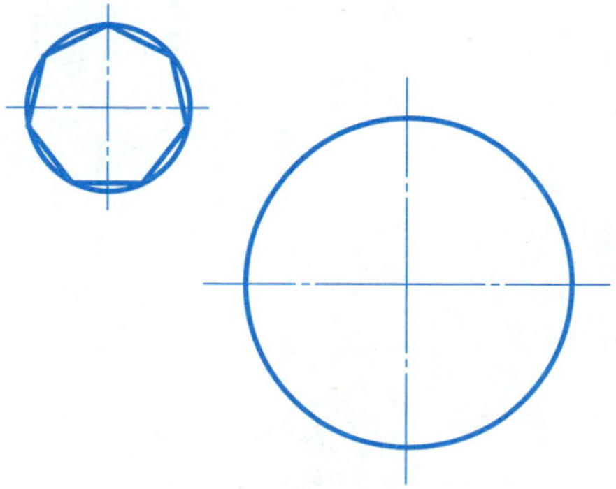

6. 作五角星

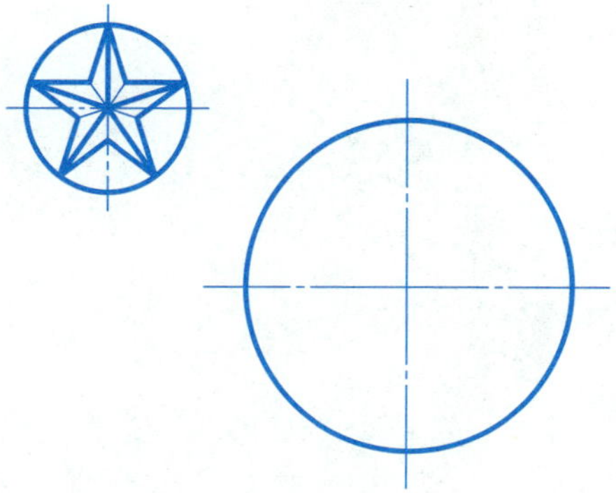

班级　　　　　　姓名　　　　　　学号

1-11　按合适的比例画出下列图形，并标注尺寸。

1. 槽钢

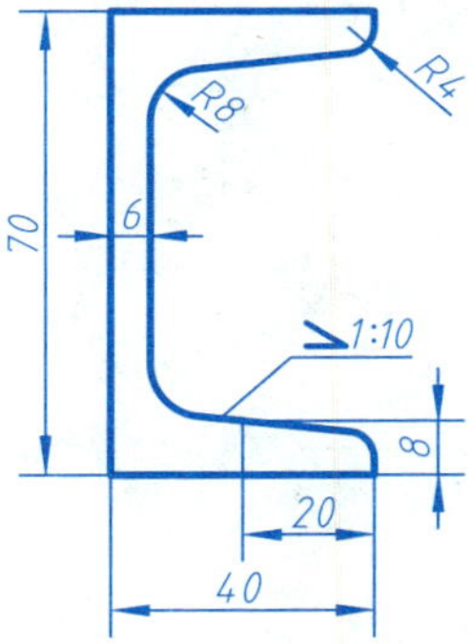

2. 插扳手

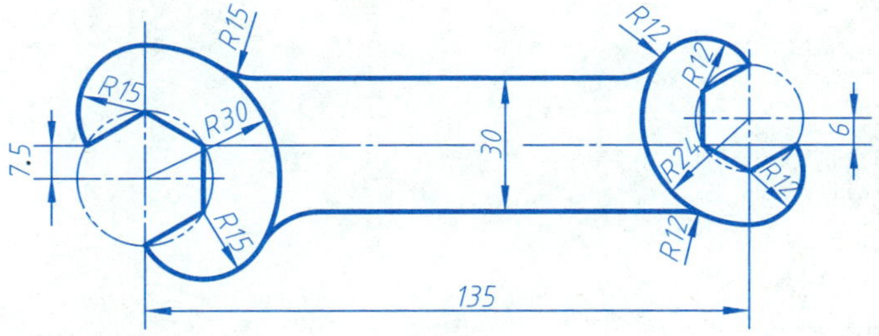

班级　　　　姓名　　　　学号

1-12　用 A4 图纸按合适的比例画出下列图形，并标注尺寸。

1.

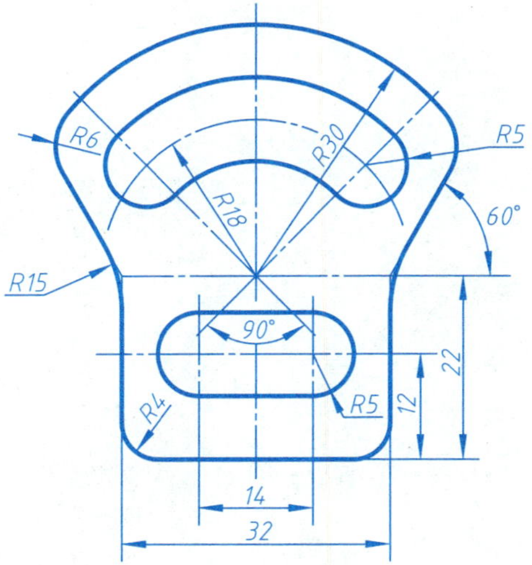

2.

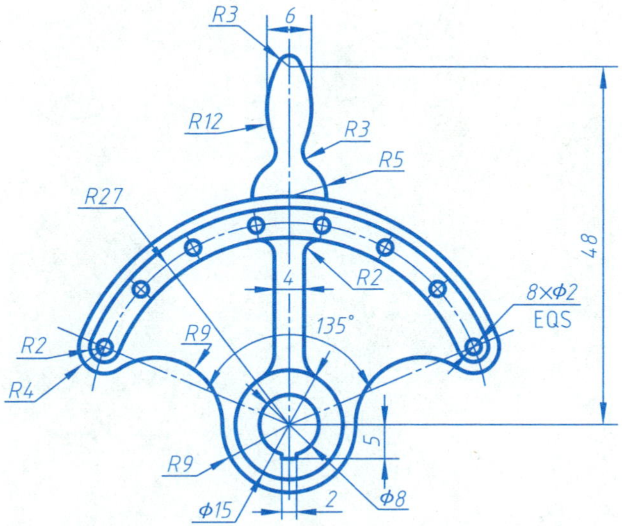

2-1　观察三视图的形成过程，回答下列问题。

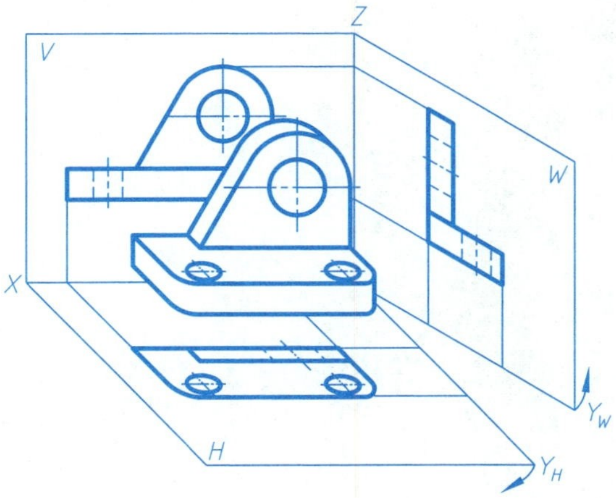

主视图是由______向______投影得到的视图；
俯视图是由______向______投影得到的视图；
左视图是由______向______投影得到的视图。

主视图与俯视图____________________；
主视图与左视图____________________；
左视图与俯视图____________________；
无论物体整体还是局部都必须符合______规律。

主视图不反映物体的______尺寸和______方位；
俯视图不反映物体的______尺寸和______方位；
左视图不反映物体的______尺寸和______方位。

班级　　　　姓名　　　　学号

2-3　根据所给出的两个视图，补画第三个视图。

1.

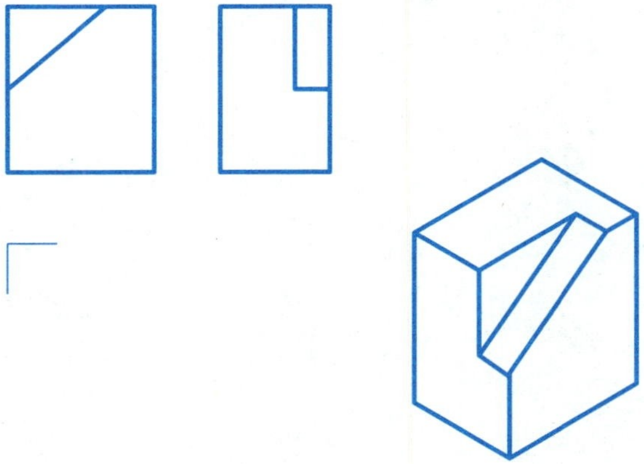

2.

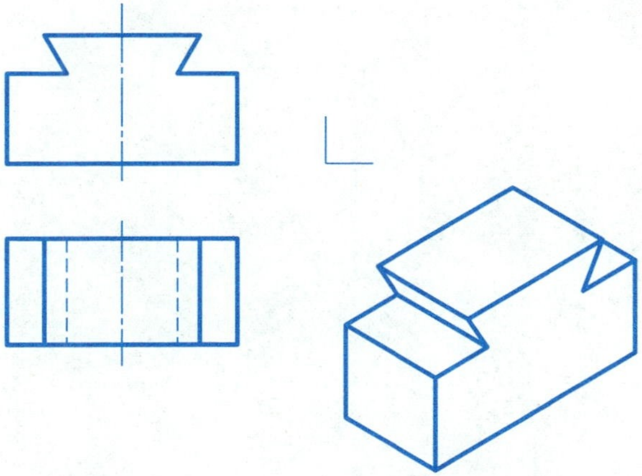

3.

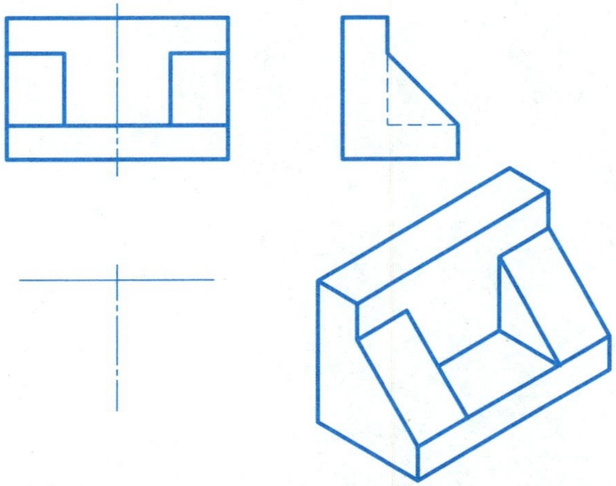

4.

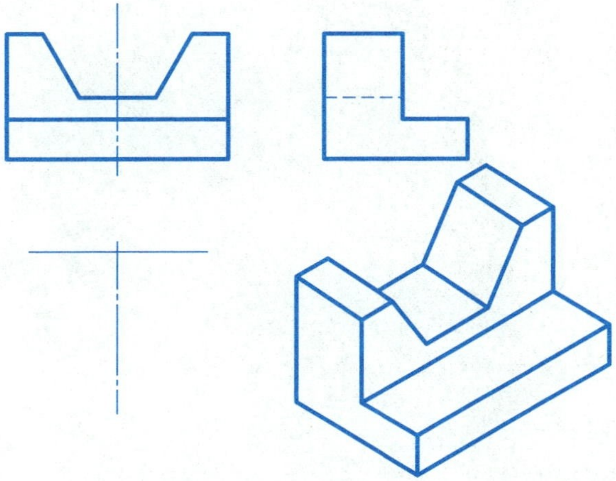

班级　　　　姓名　　　　学号

2-4　根据轴测图，按 1：1 的比例画出三视图，并标注尺寸。

1.

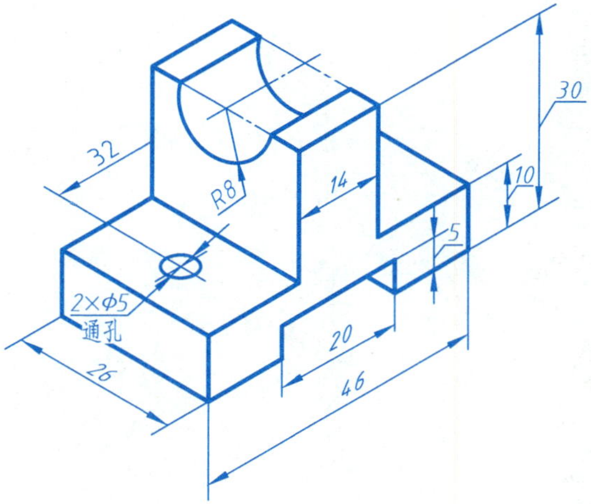

2.

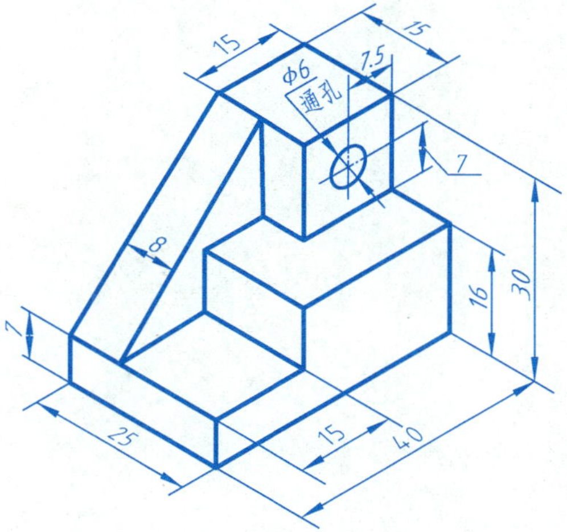

班级　　　　姓名　　　　学号

2-9　求作直线的第三面投影，并判断直线与投影面的相对位置。

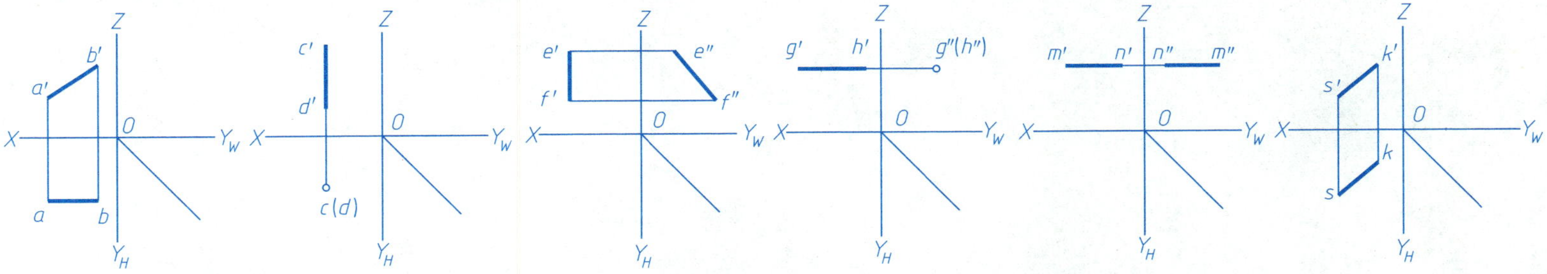

______线　　______线　　______线　　______线　　______线　　______线

2-10　已知直线 *AB* 的两面投影 *a′b′*、*ab* 及 *AB* 上点 *K* 的一个投影 *k*，求作 *a″b″* 和 *k′*、*k″*。

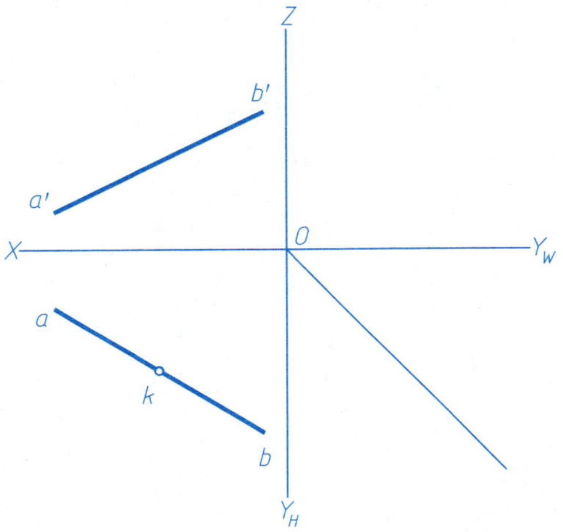

2-11　已知直线 *CD* 的两面投影 *c′d′*、*cd* 及 *CD* 上点 *K* 的一个投影 *k′*，求作 *c″d″* 和 *k*、*k″*。

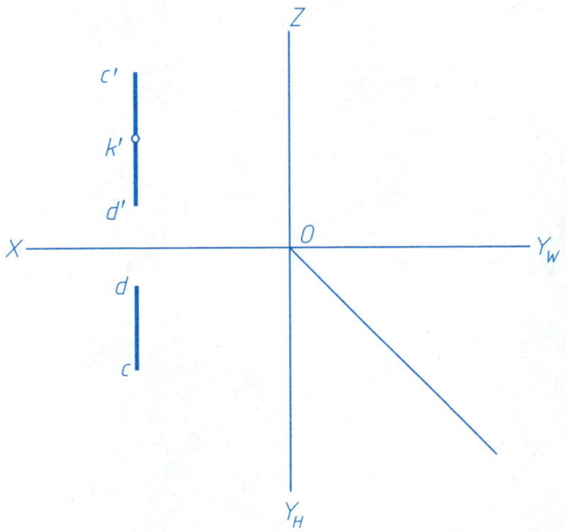

2-12　判断点 *K* 是否在直线 *EF* 上（比例法）。

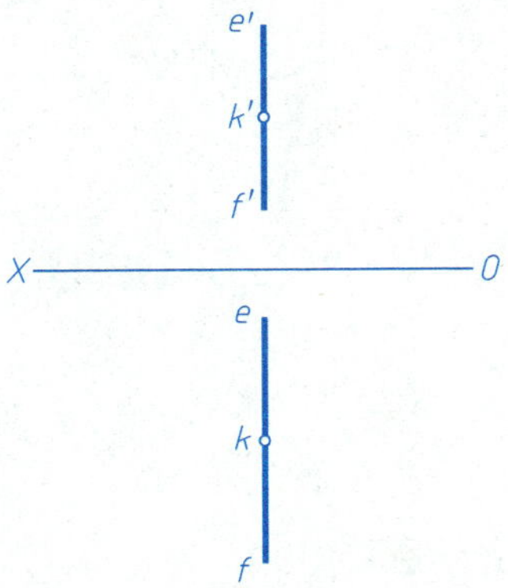

在______　　不在______

班级　　　　姓名　　　　学号

2-17　求各线段的实长，并求出线段 AB 对 H 面的倾角 α，线段 CD 对 V 面的倾角 β，线段 EF 对 W 面的倾角 γ。

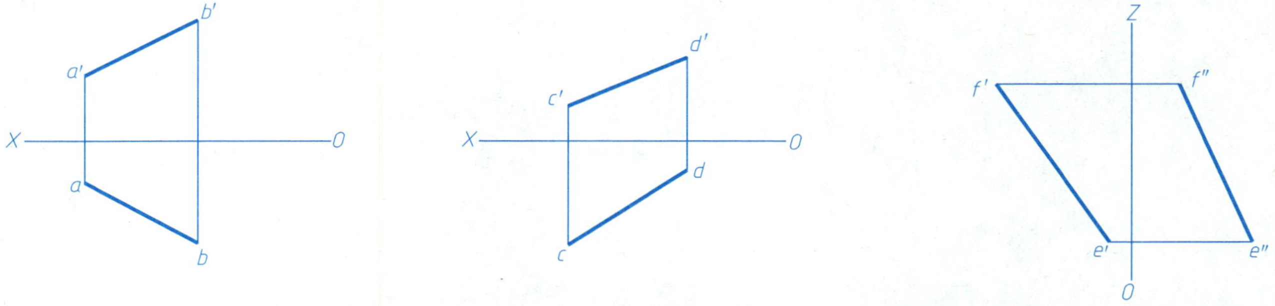

2-18　在直线 AB 上求一点 C，使 C 点与 V、H 面等距。

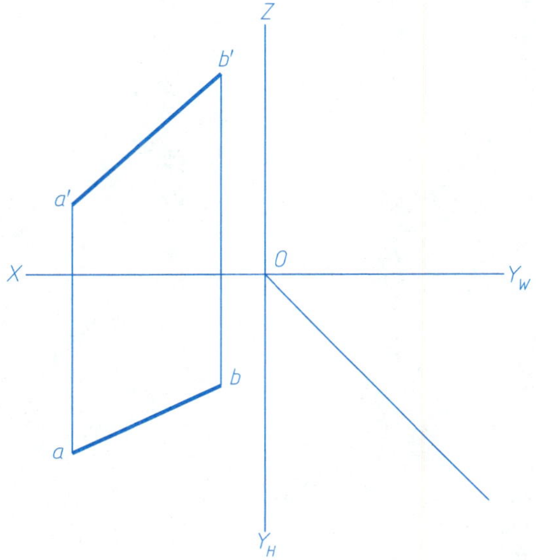

2-19　已知 EF 为一铅垂线，它到 V 面和 W 面的距离相等，求作其另外两投影。

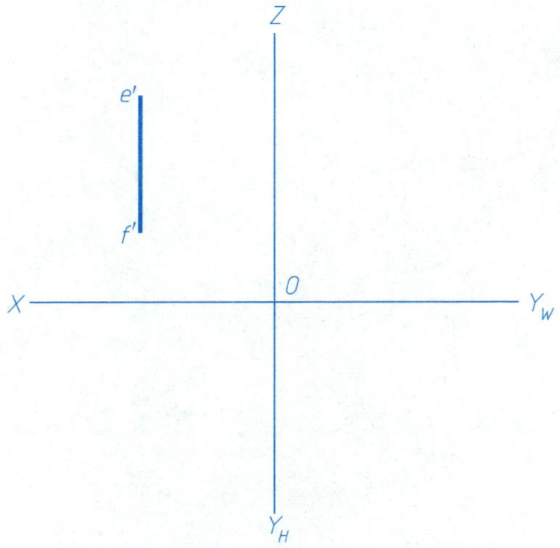

班级　　　　姓名　　　　学号

2-20　判断两直线的相对位置。

1.

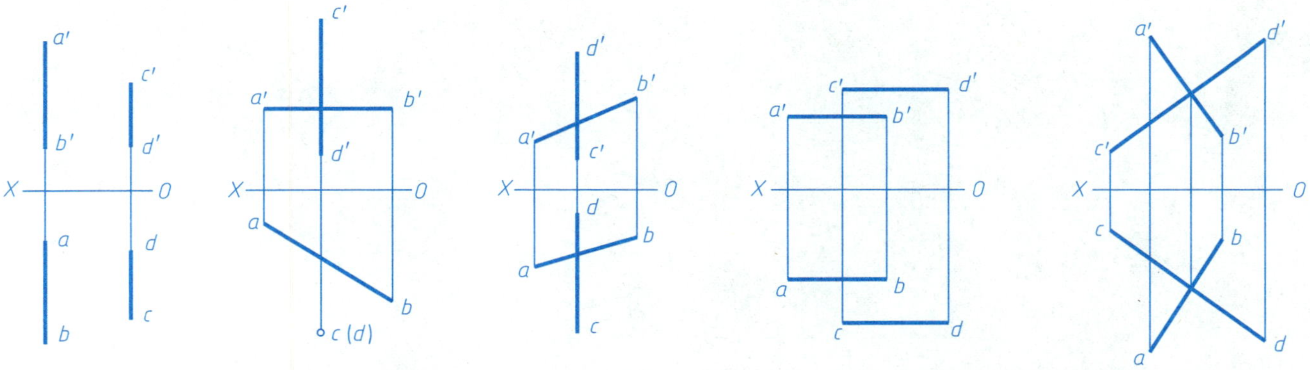

________　________　________　________　________

2.

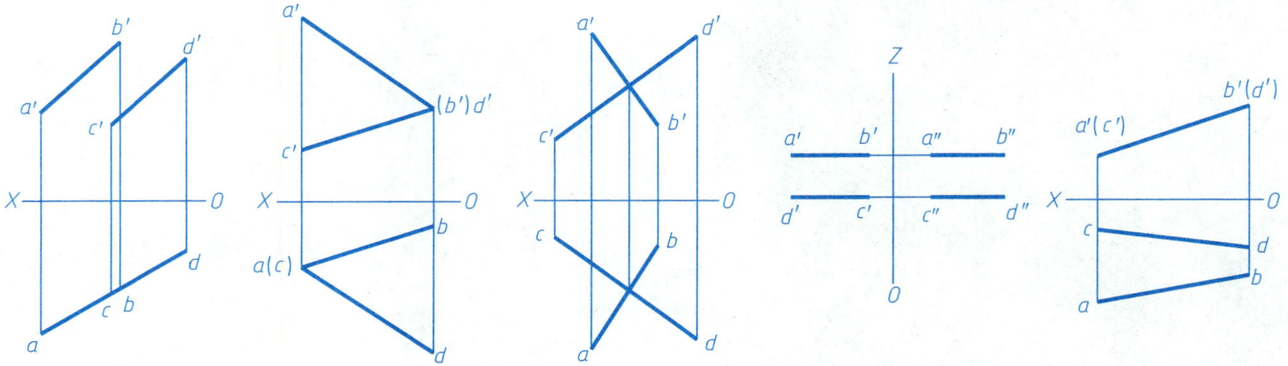

________　________　________　________　________

班级　　　　姓名　　　　学号

2-25　根据平面的两个投影，求作其第三投影，并判断该平面是什么位置平面。

1.

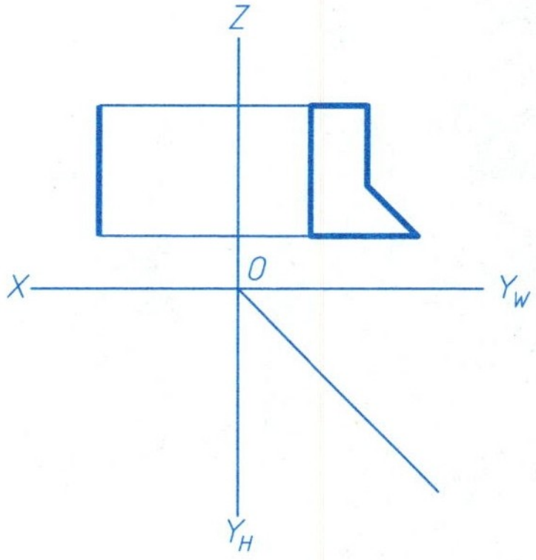

________面

2.

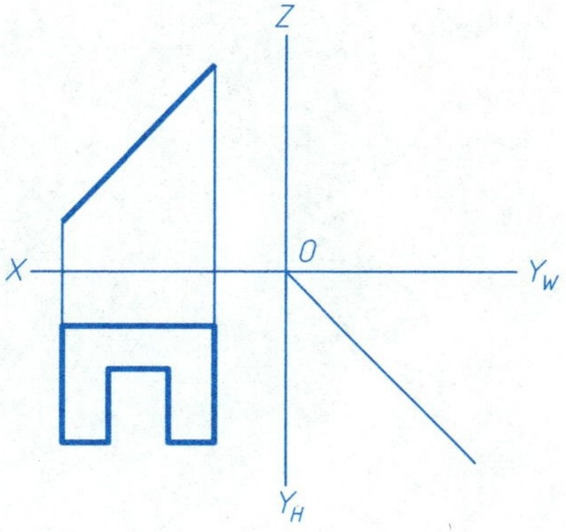

________面

3.

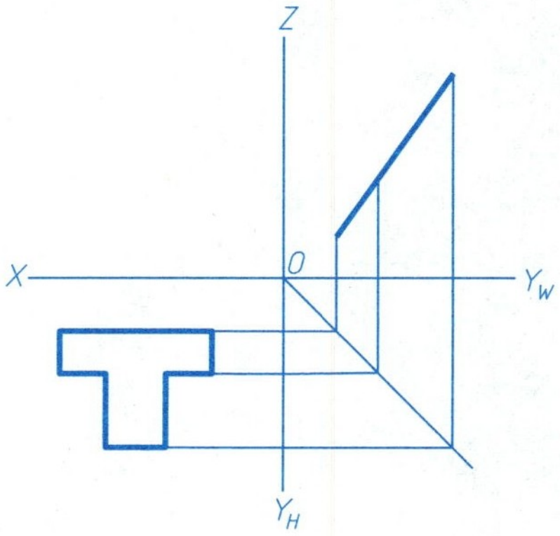

________面

4.

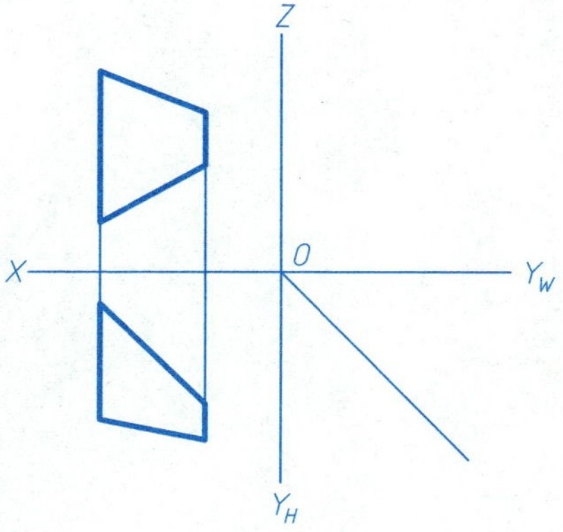

________面

班级　　　　姓名　　　　学号

2-30　判断直线相对于平面的位置。

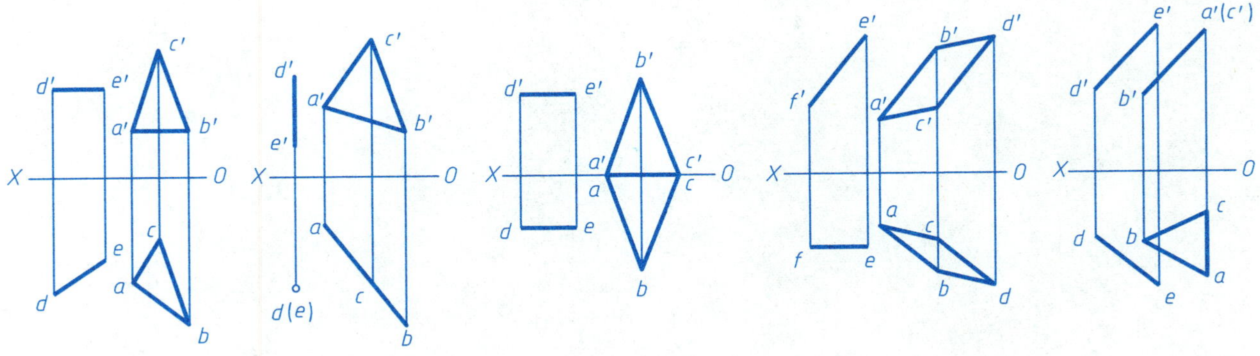

______　______　______　______　______

2-31　已知△*ABC*//直线 *MN*，作出△*ABC* 的正面投影。

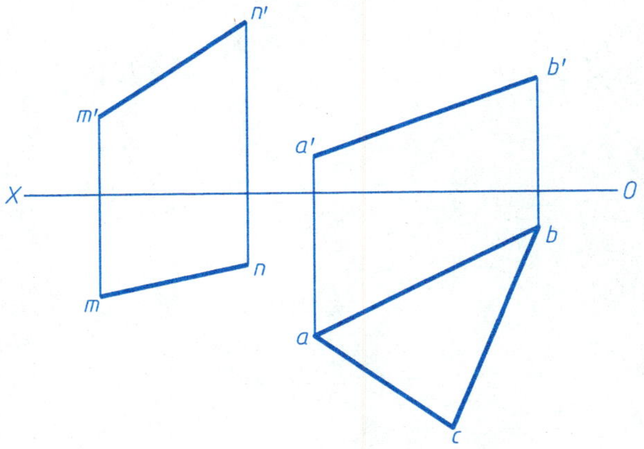

2-32　判断直线 *MN* 是否平行于平面 *ABCD*。

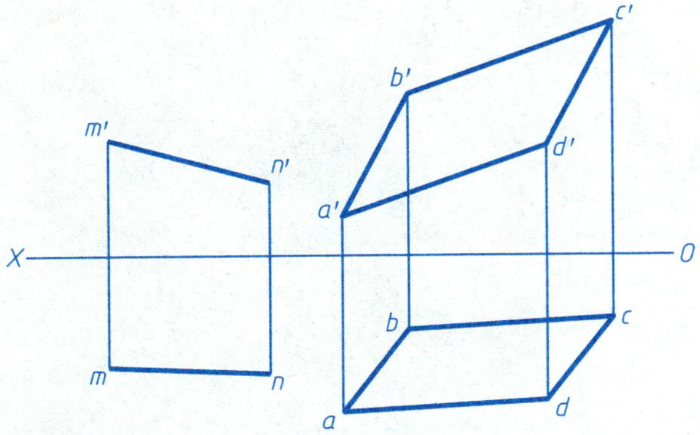

平行______　不平行______

班级　　　　姓名　　　　学号

2-33　已知 *AE* 是△*ABC* 上的水平线，完成△*ABC* 的正面投影。

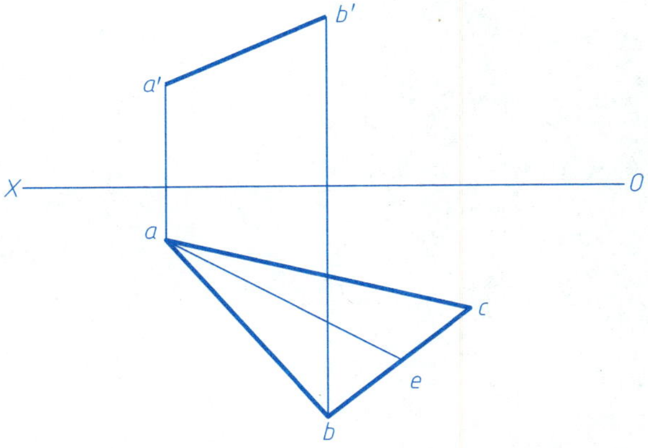

2-34　已知平行两线段 *AB* 和 *CD* 给定一平面，平面 *EFGH* 与它平行，画全 *EFGH* 的另一投影。

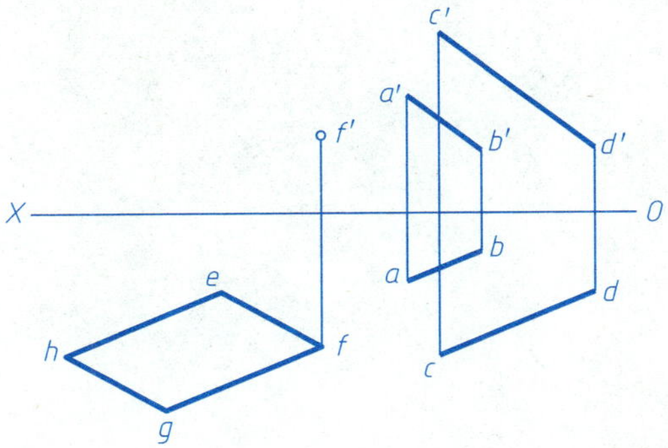

2-35　求直线 *DE* 与平面 *ABC* 的交点 *K*，并判别直线的可见性。

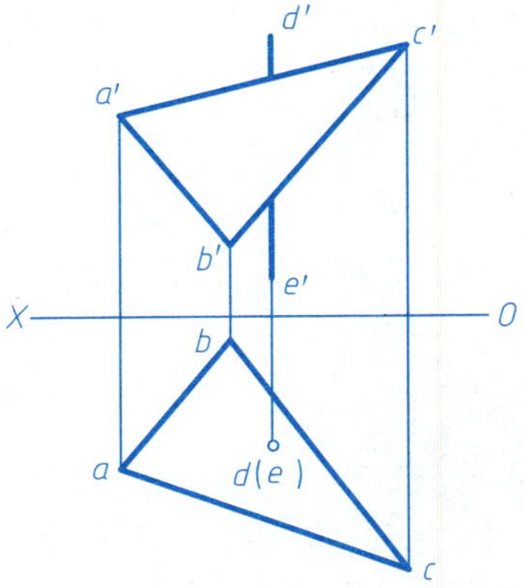

2-36　求直线 *EF* 与平面 *ABCD* 的交点 *K*，并判别直线的可见性。

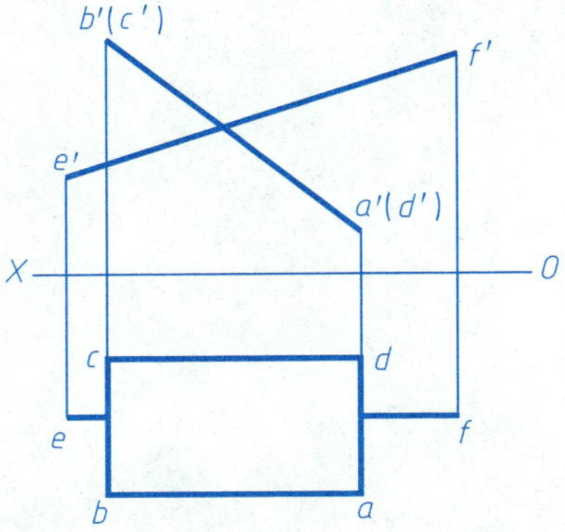

班级　　　　姓名　　　　学号

2-41　用计算机绘制下列图形。

1.

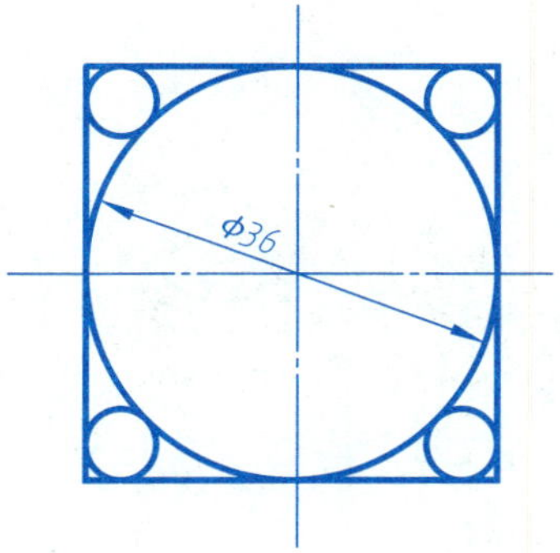

2.

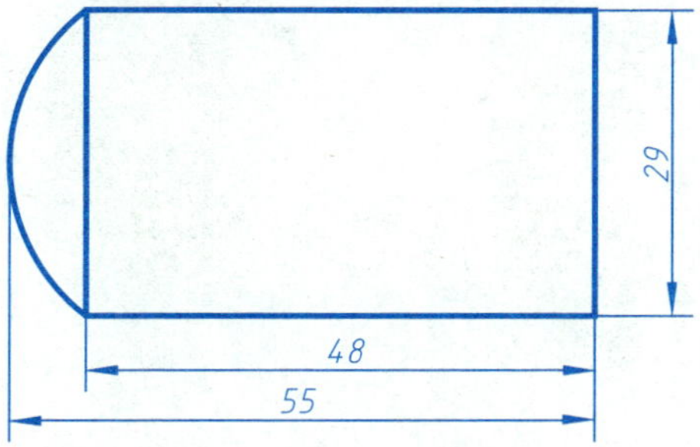

3.

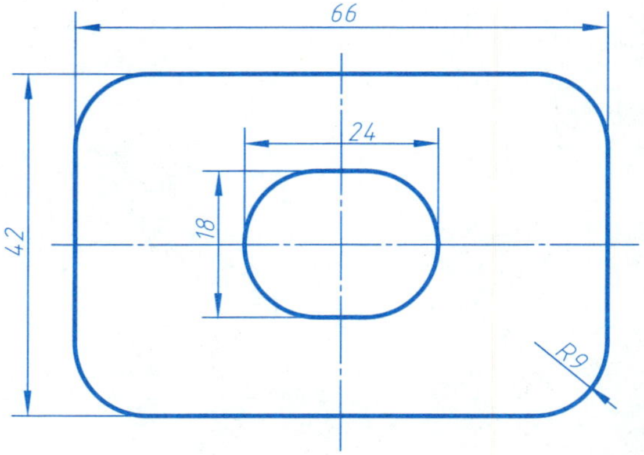

4.

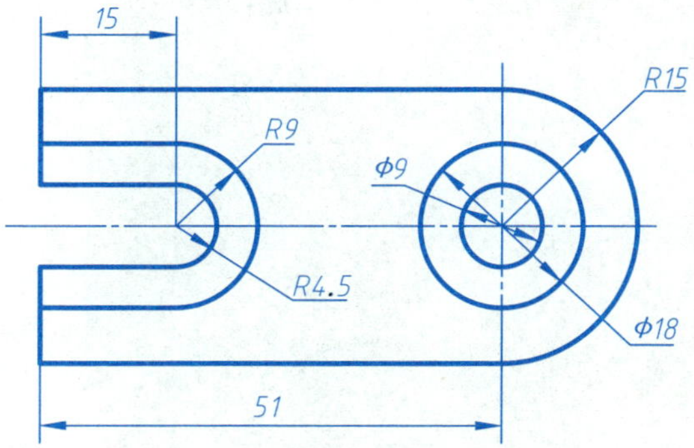

3-1　补画三视图，并作立体表面上点 *M*、点 *N* 的另两面投影（二）。

7.

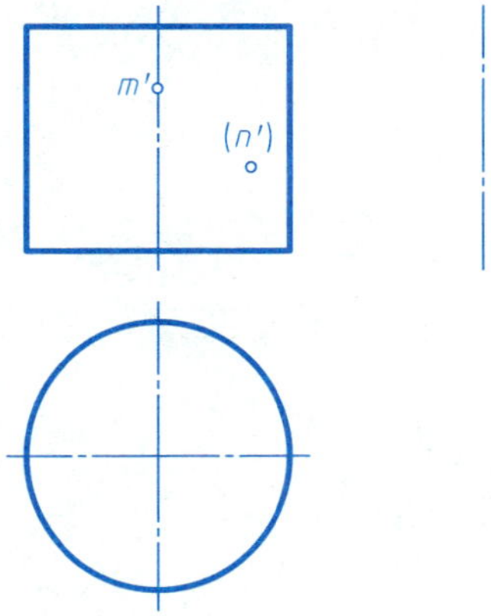

8.

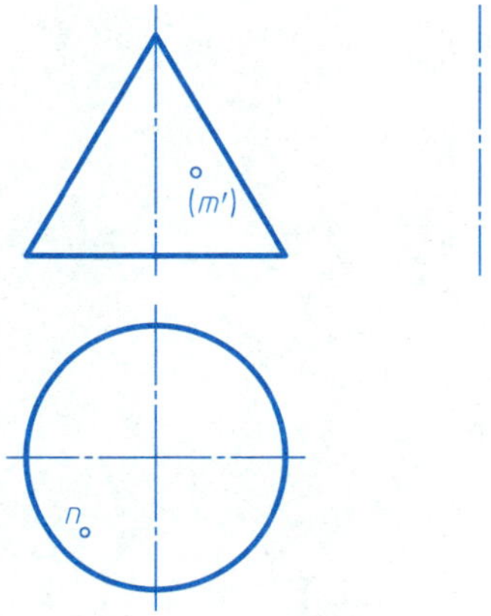

9.

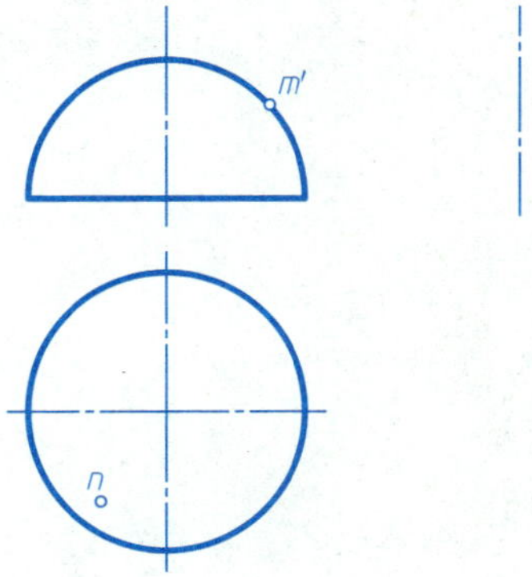

10.

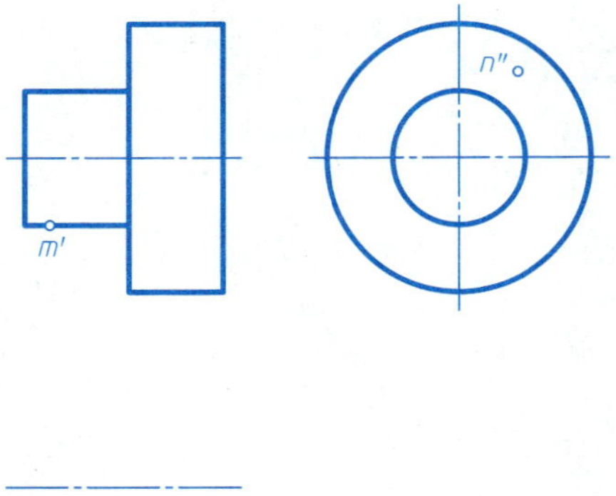

11.

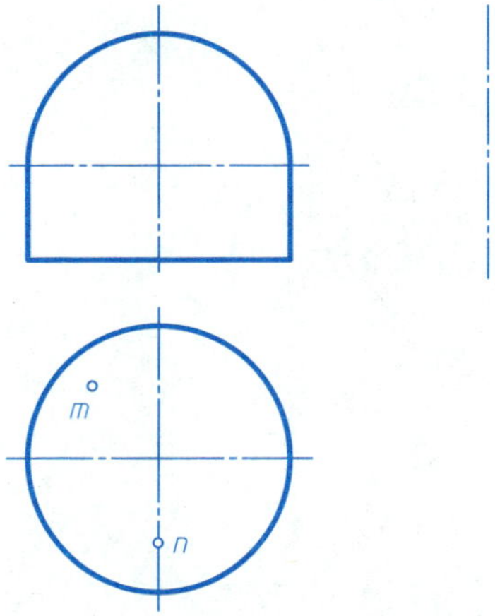

12.

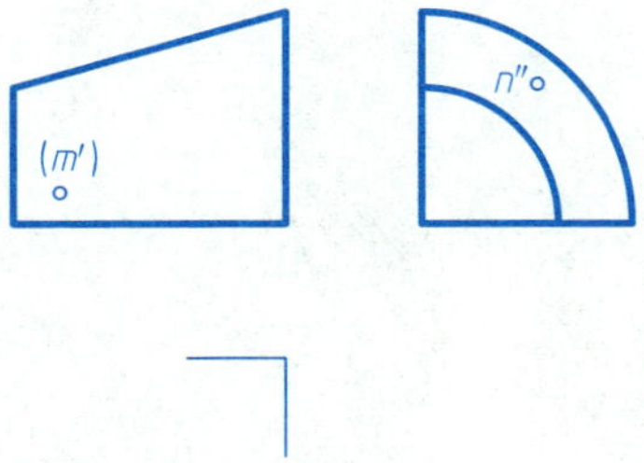

班级　　　　　姓名　　　　　学号

3-2　补画三视图，并作立体表面上点线的另两面投影（一）。

1.

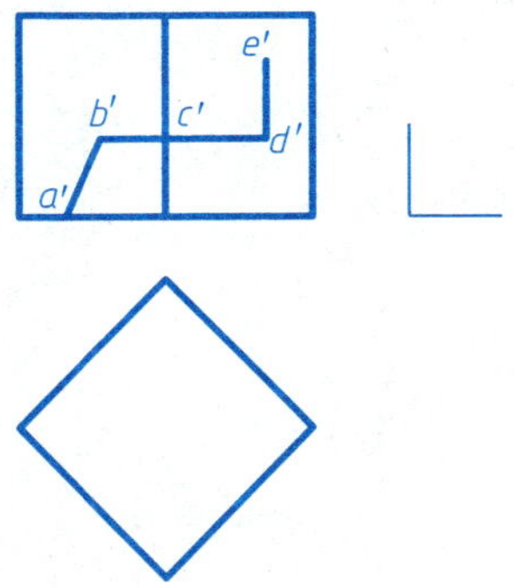

2.

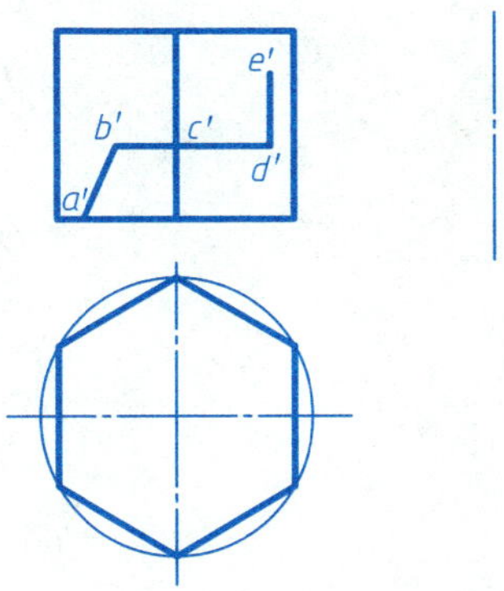

3.

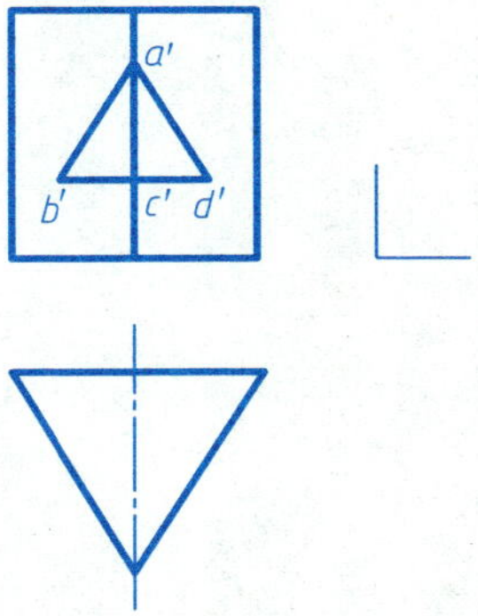

4.

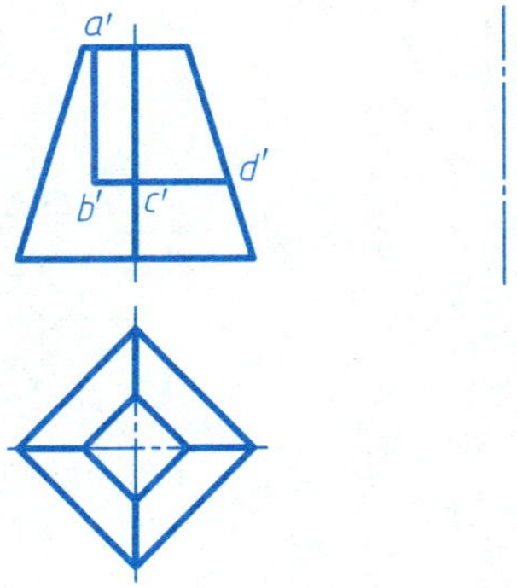

5.

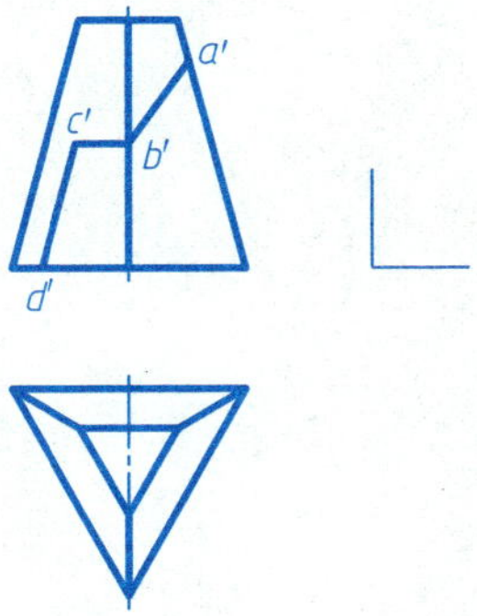

6.

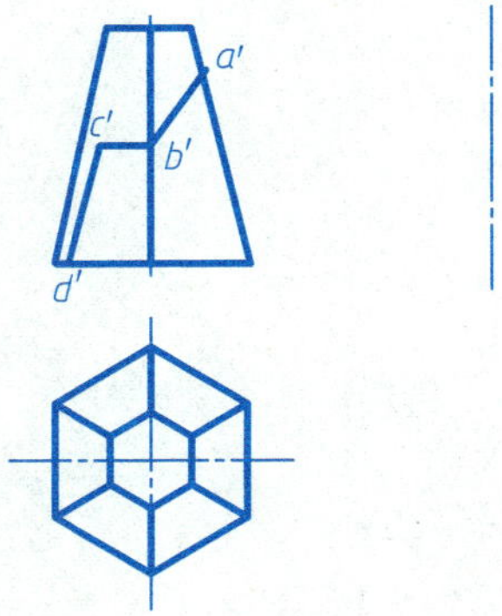

班级　　　　姓名　　　　学号

3-3　利用计算机进行绘图练习。

1.

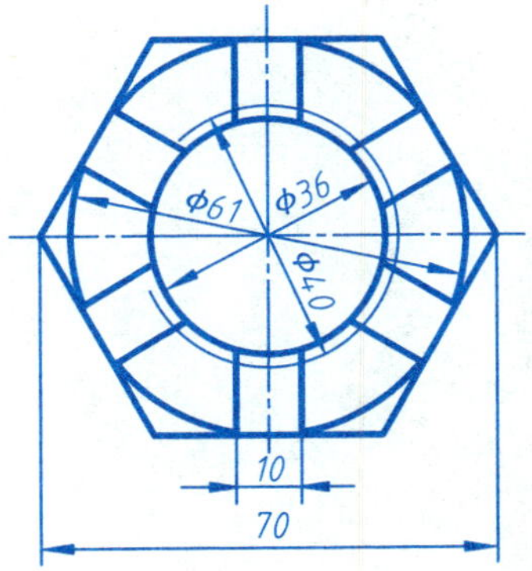

2.

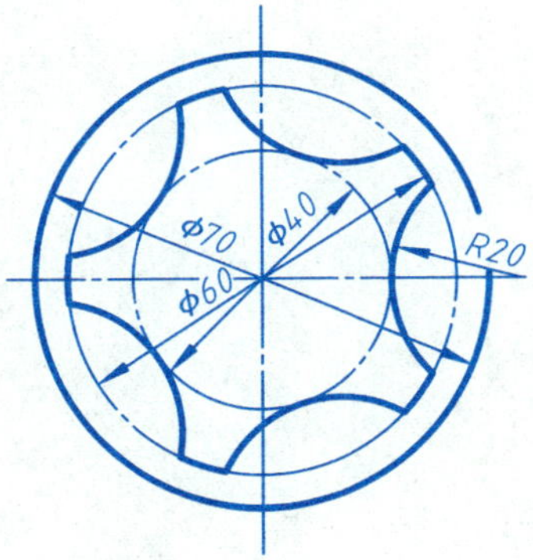

3.

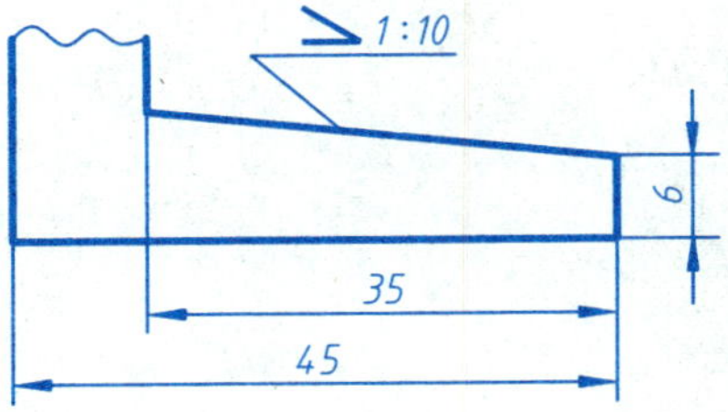

4.

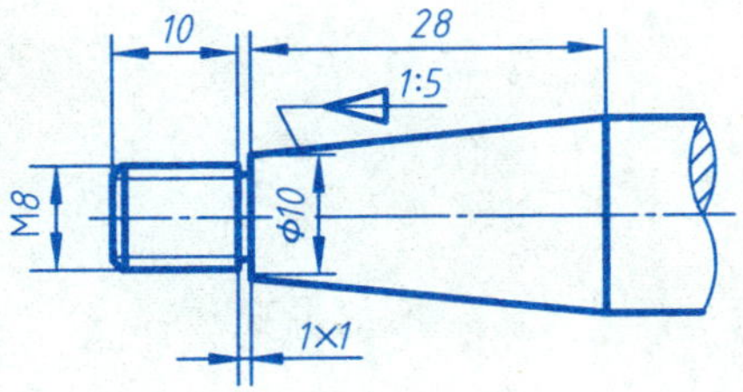

班级　　　　姓名　　　　学号

4-2　画出平面切割体的第三视图。

1.

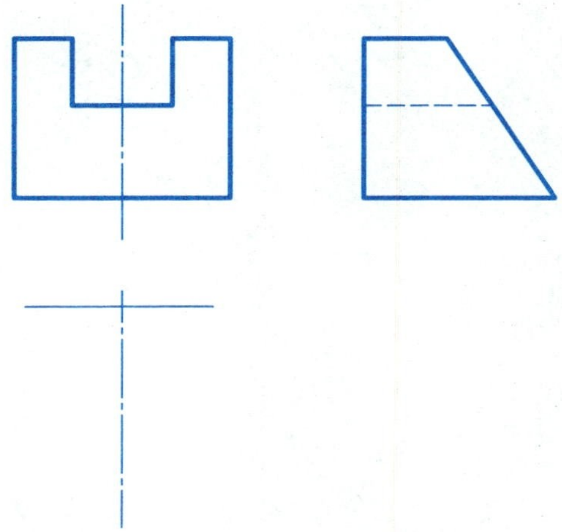

2.

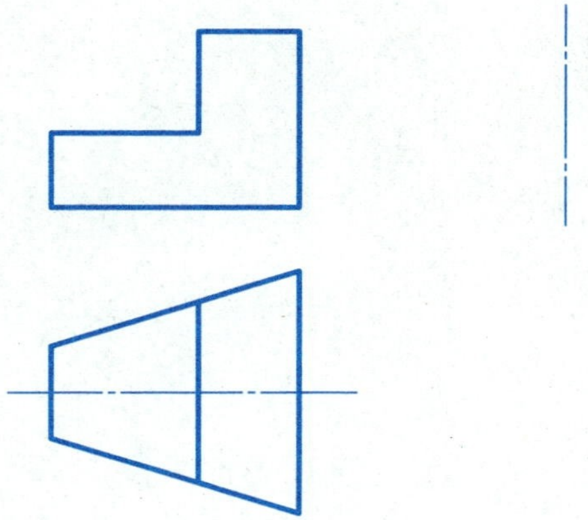

3.

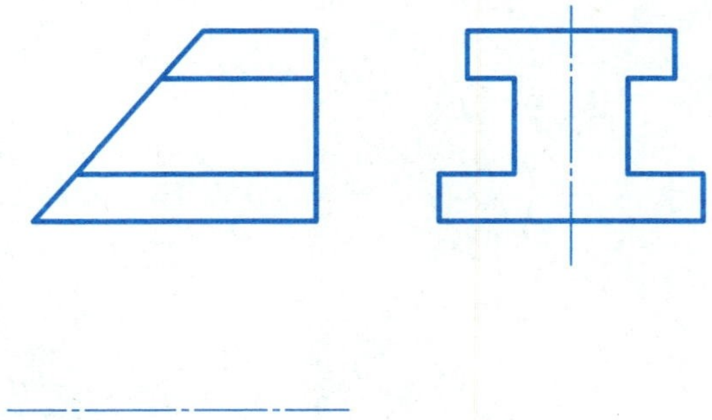

4.

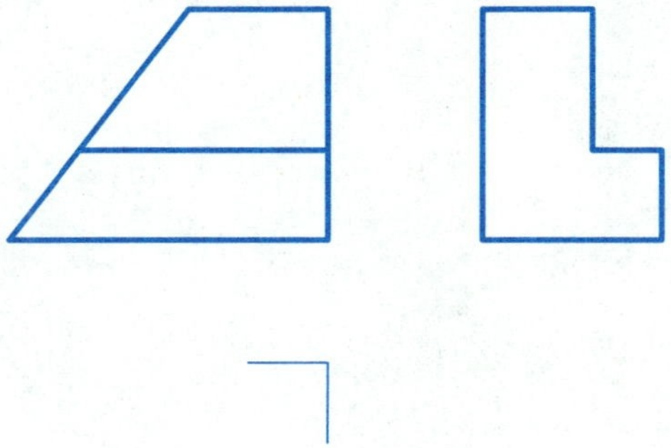

班级　　　　姓名　　　　学号

4-3　分析截交线的投影，根据给出的两个视图补画第三视图。

1.

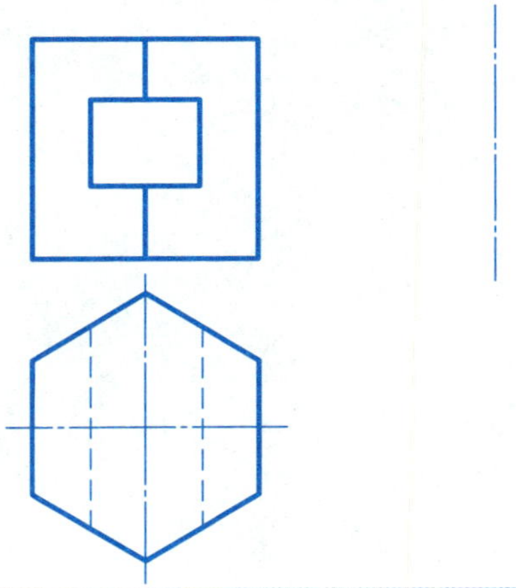

2.

3.

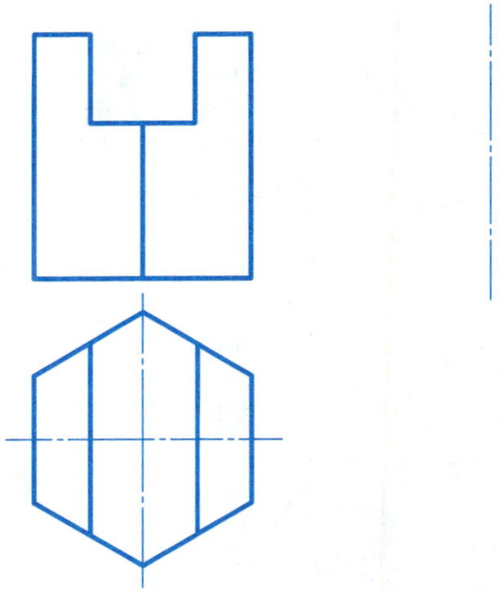

4.

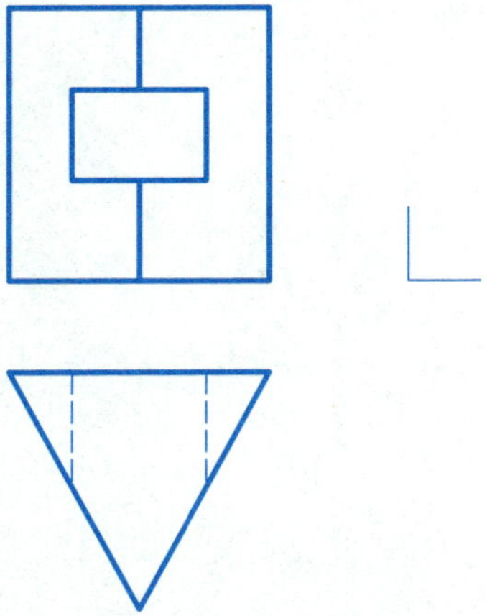

班级　　　　姓名　　　　学号

4-5　完成圆柱被切割后的左视图或俯视图。

1.

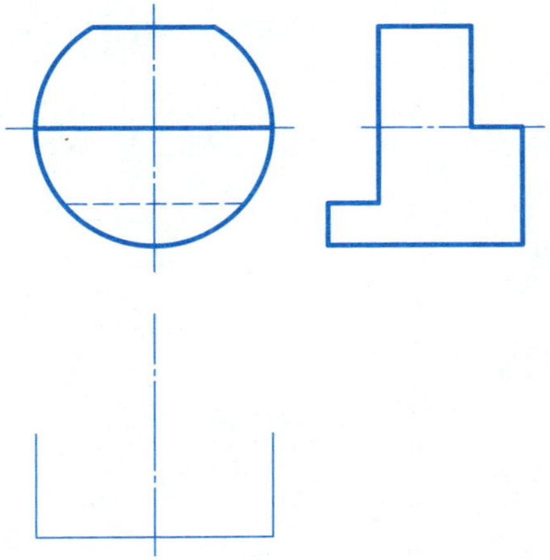

2.

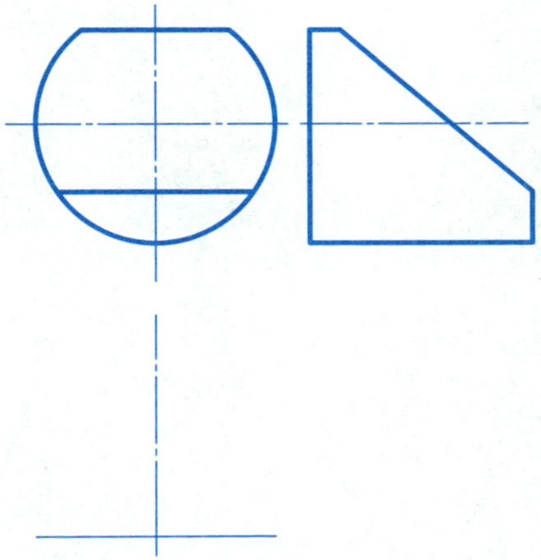

3.

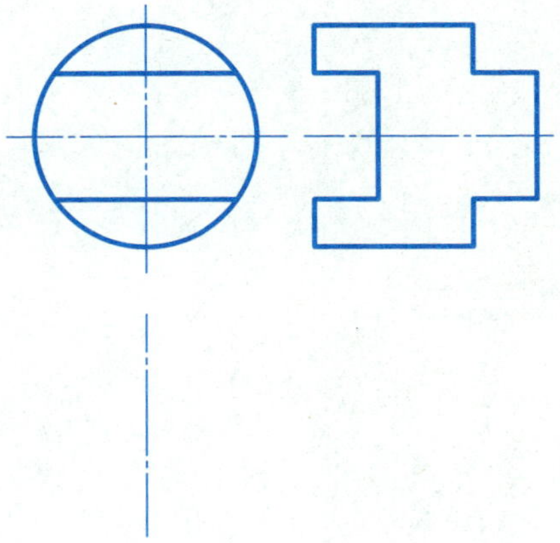

4.

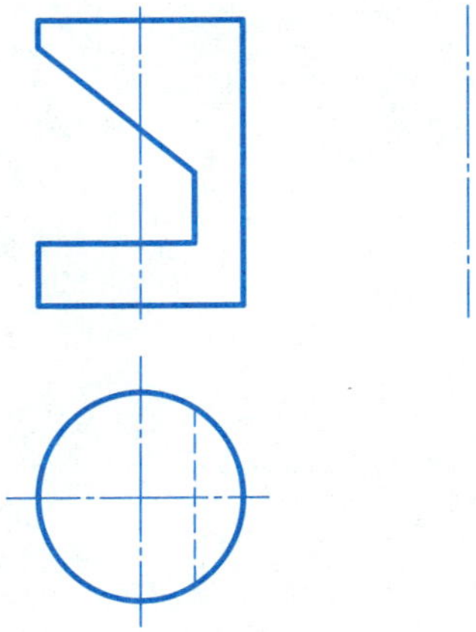

5.

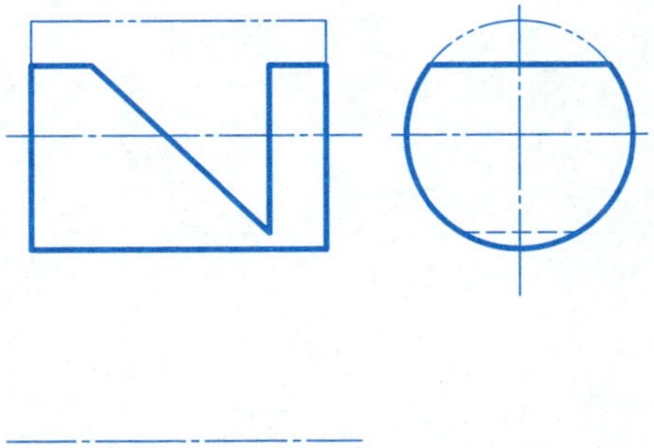

6.

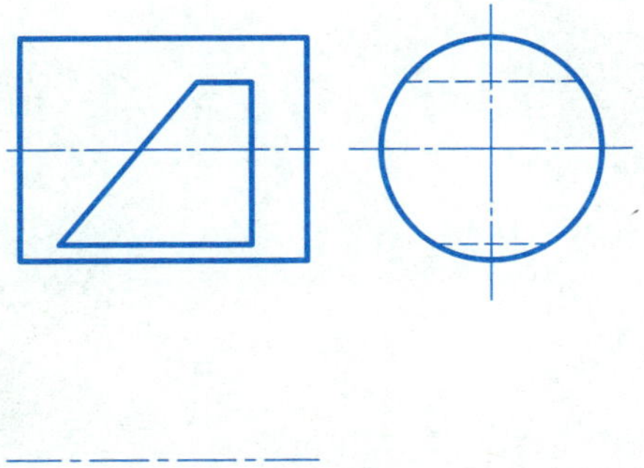

4-7 完成圆锥被切割后的左视图或俯视图。

1.

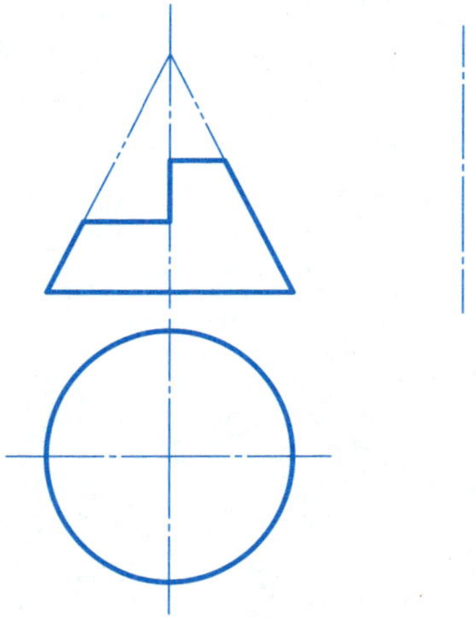

2.

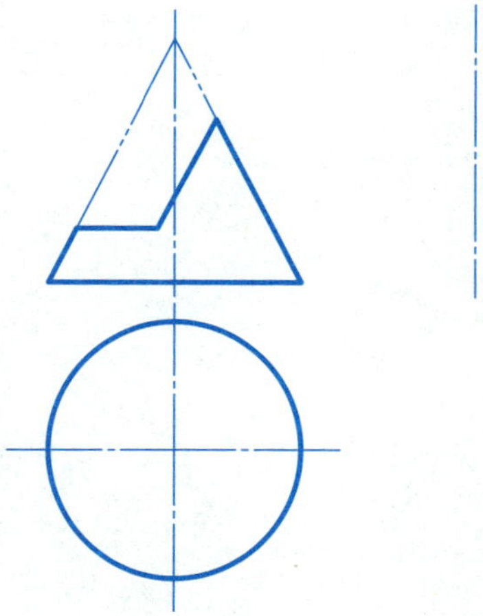

3.

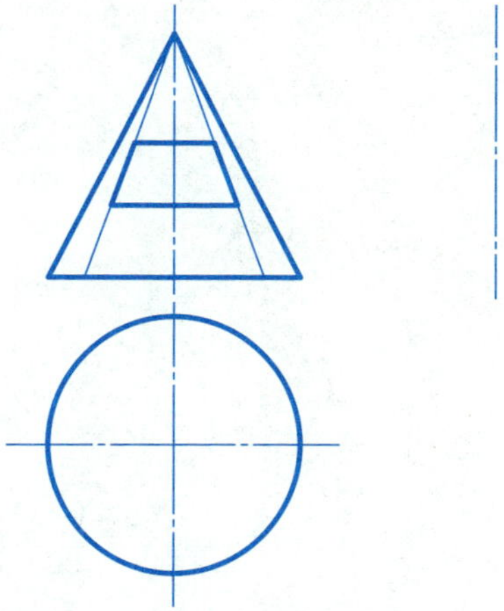

4.

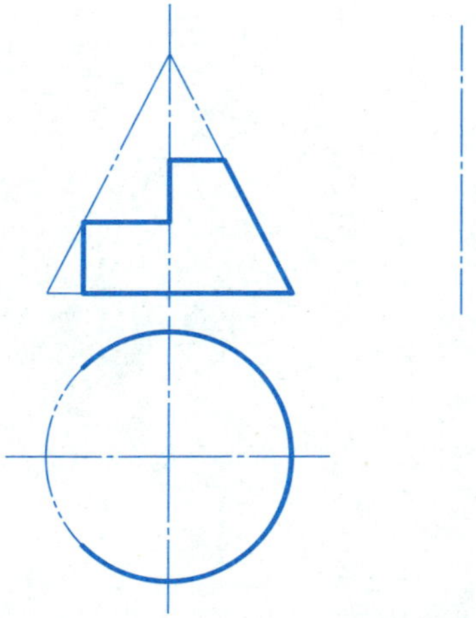

5.

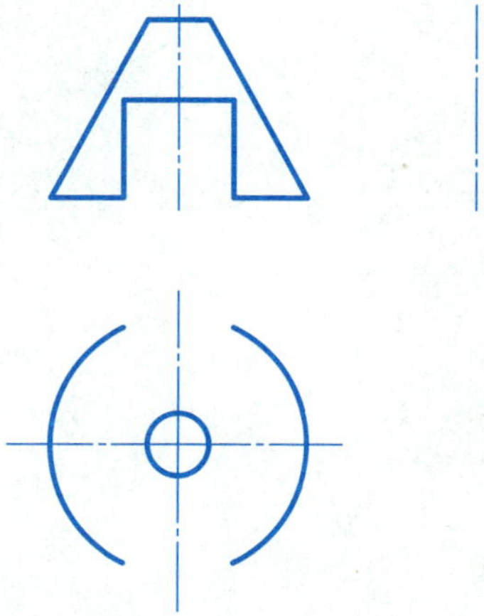

6.

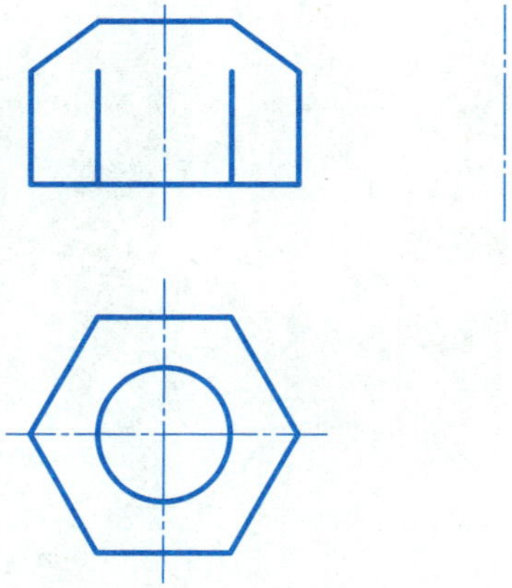

班级　　　　　　姓名　　　　　　学号

4-8　完成球体被切割后的三视图。

1.

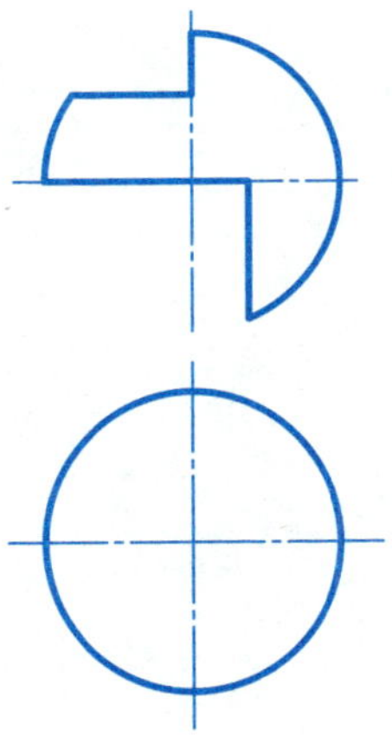

2.

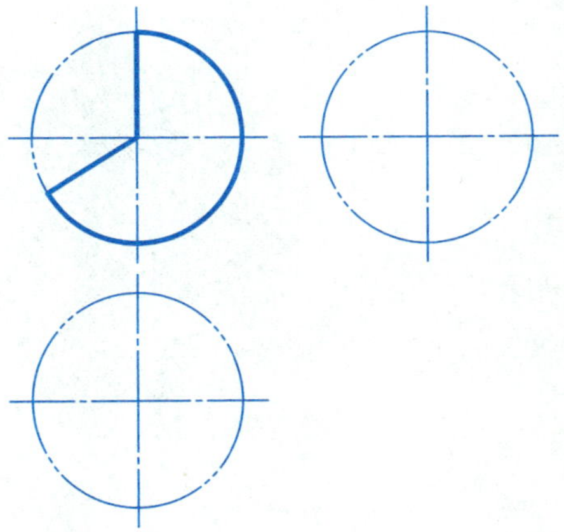

3.

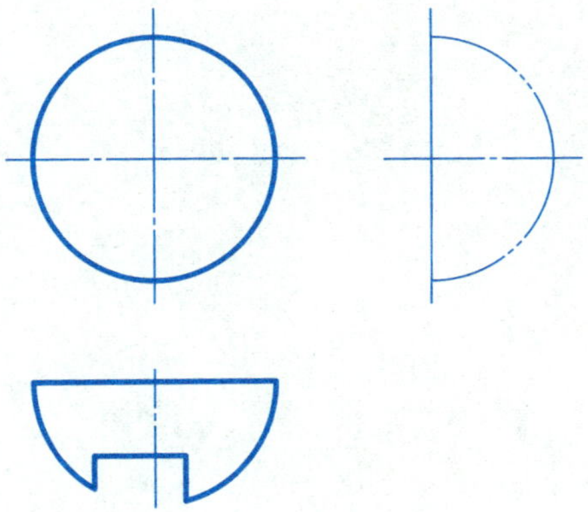

4.

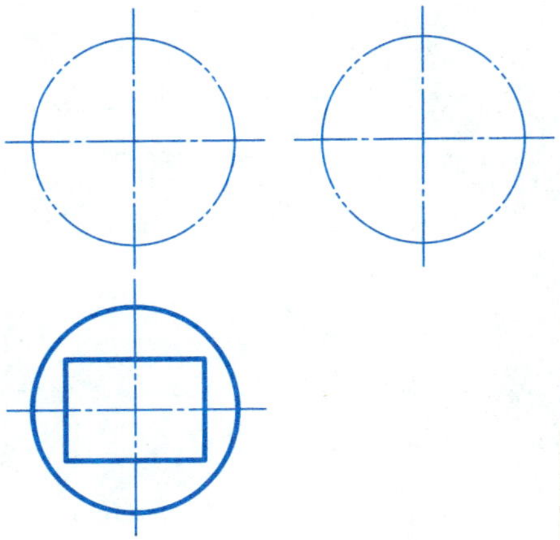

5.

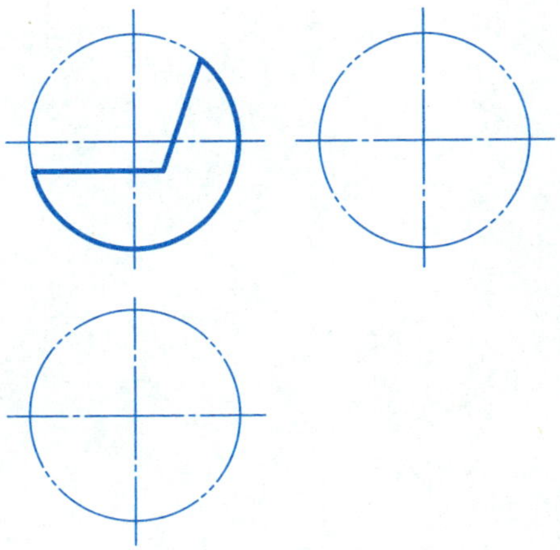

6.

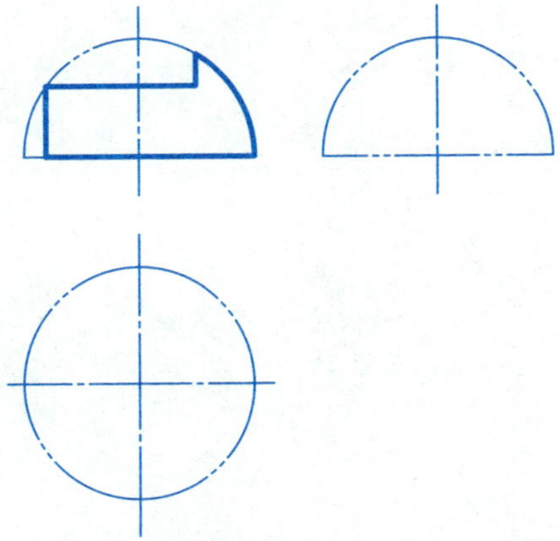

班级　　　　姓名　　　　学号

4-10 作出圆柱与圆柱相贯的投影图。

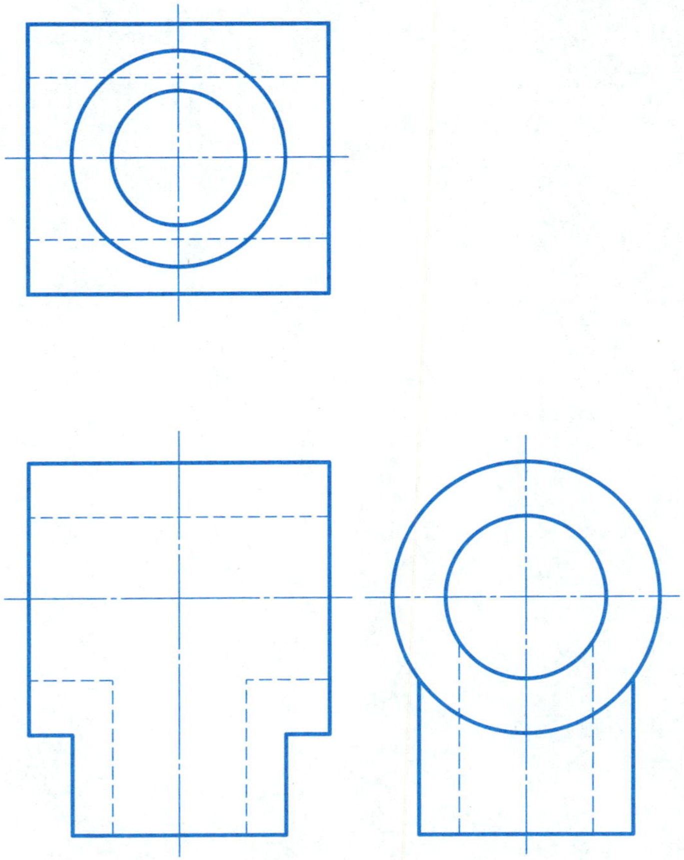

4-11 求作主视图。

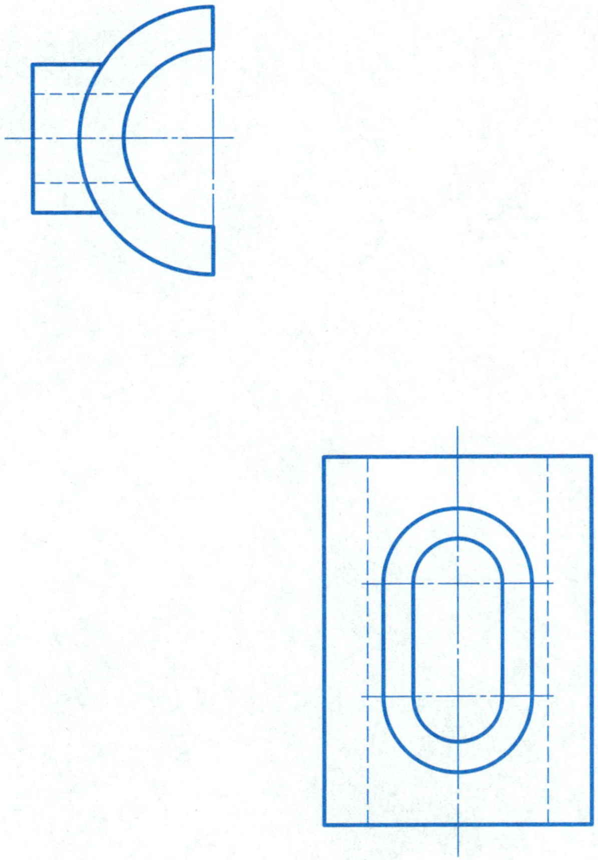

4-14 作出圆柱与圆锥台正交的相贯线的投影。

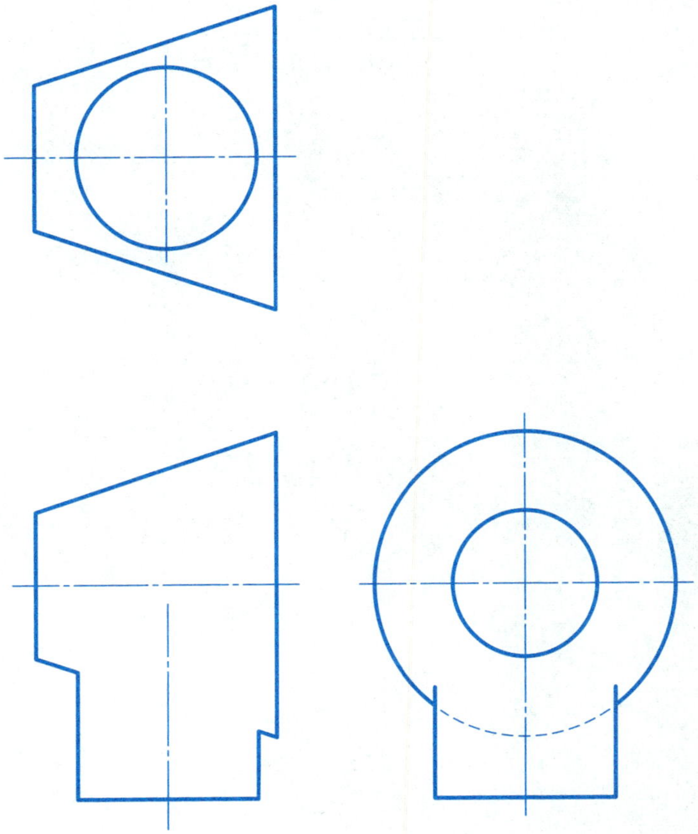

4-15 作出圆柱与圆锥偏交的相贯线的投影。

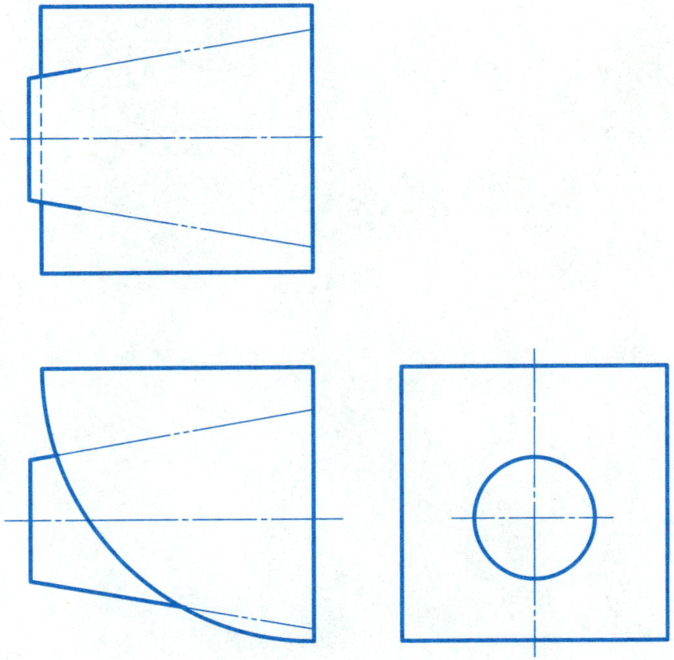

班级　　　　姓名　　　　学号

4-16　作出两等直径正交半圆柱的相贯线的投影。

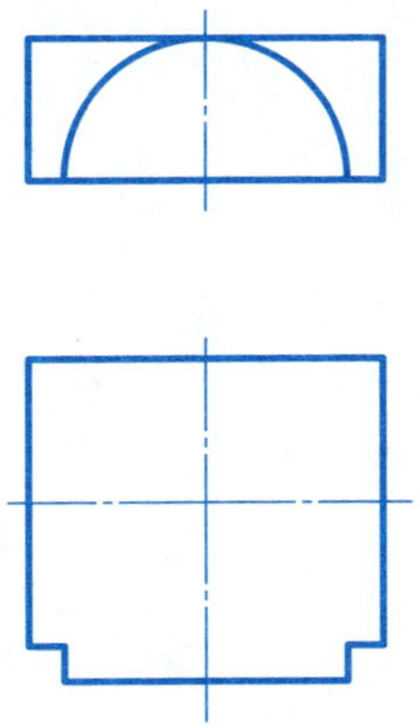

4-17　求作圆柱相贯的俯视图。

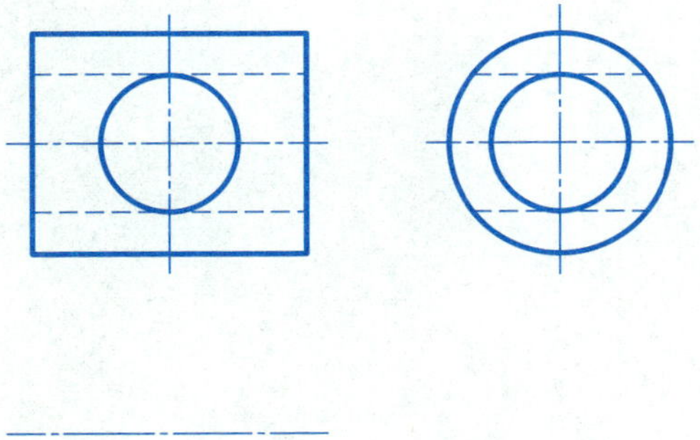

4-18　补全左视图。

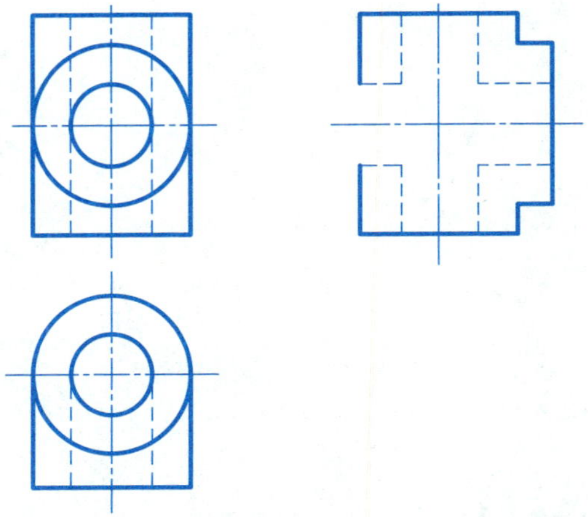

4-19　补全主视图，并作出俯视图。

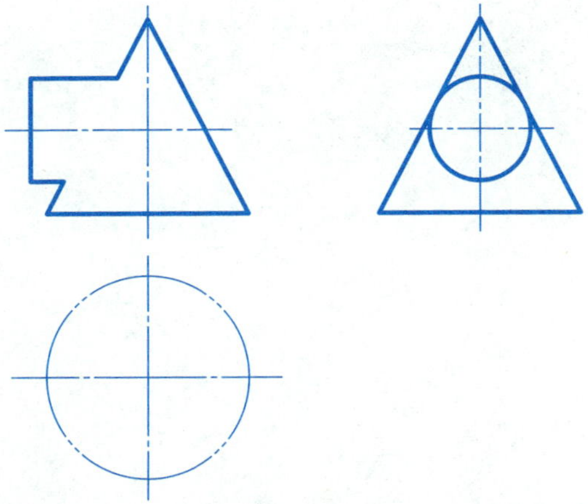

4-23　作出圆锥与球面偏交的相贯线的投影。

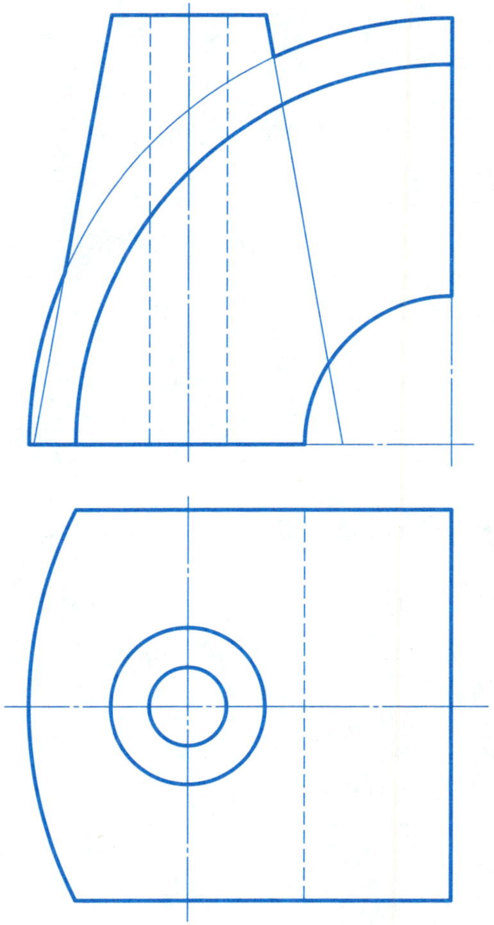

4-24　求作内外相贯线，补全左视图。

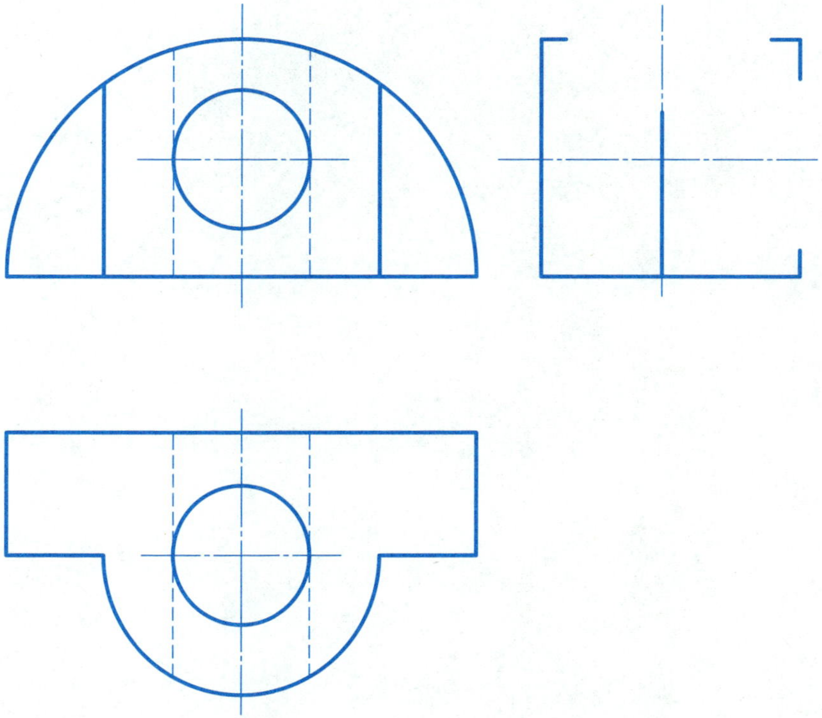

第5章　组合体

班级　　　　姓名　　　　学号

5-1　根据轴测图找出对应的三视图，并将轴测图的序号填写在三视图下的圆圈内。

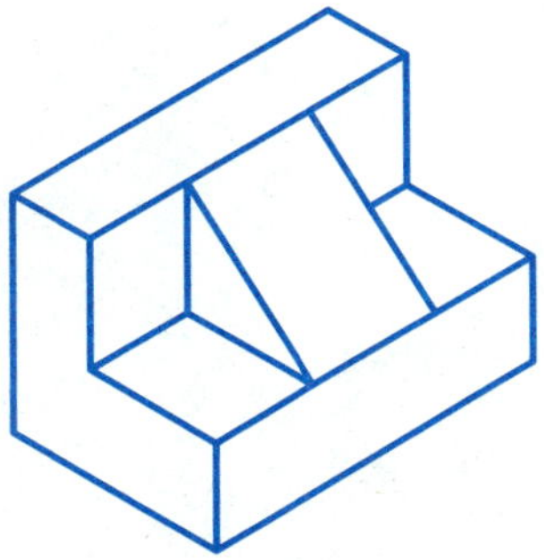

①

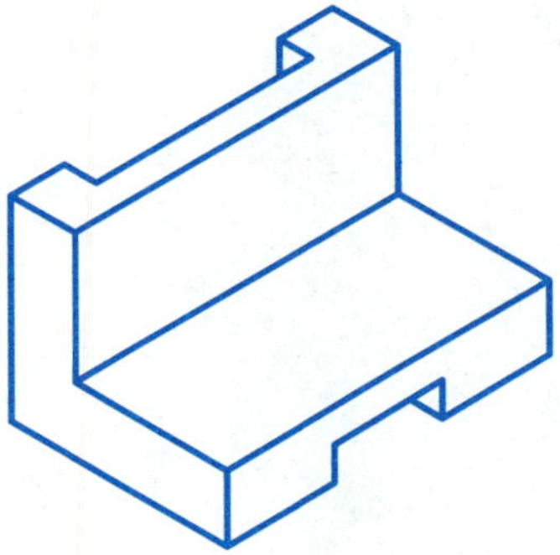

②

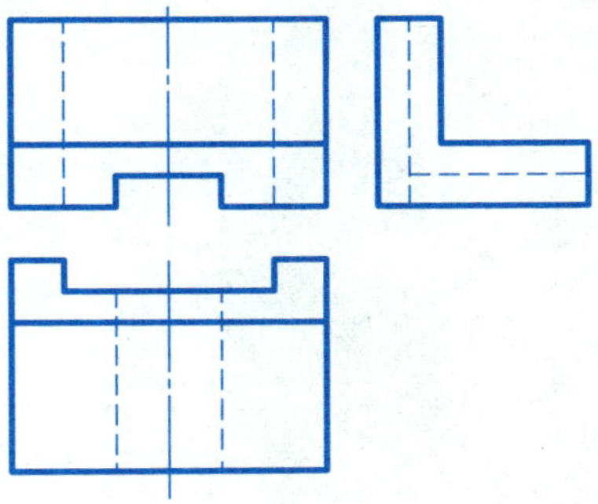

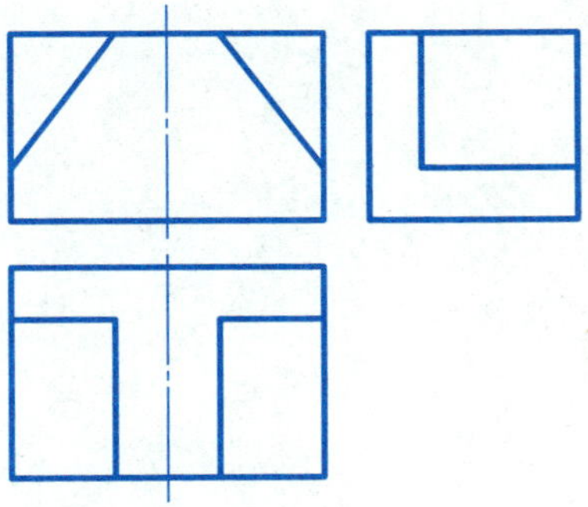

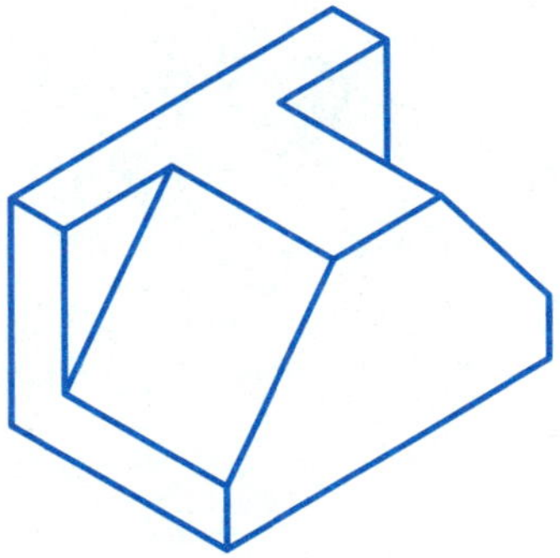

③

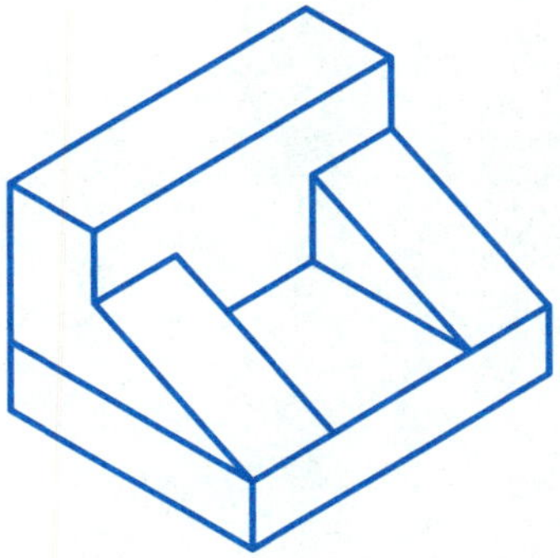

④

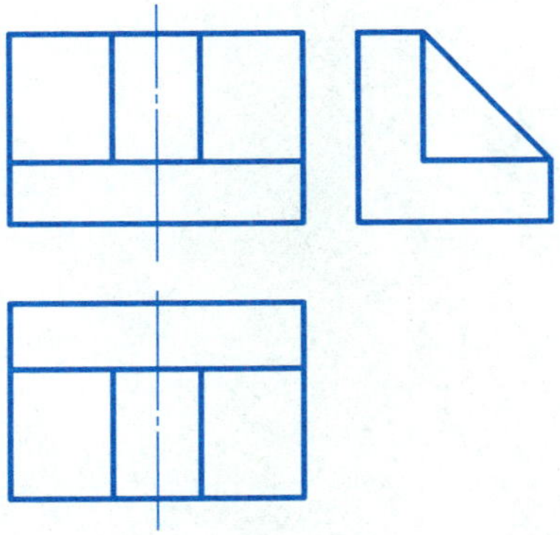

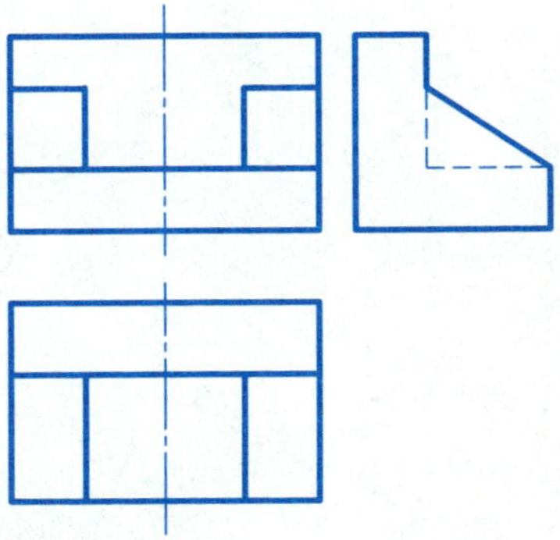

班级　　　　　姓名　　　　　学号

5-2　根据给出的轴测图上的尺寸画三视图（一）。

1.

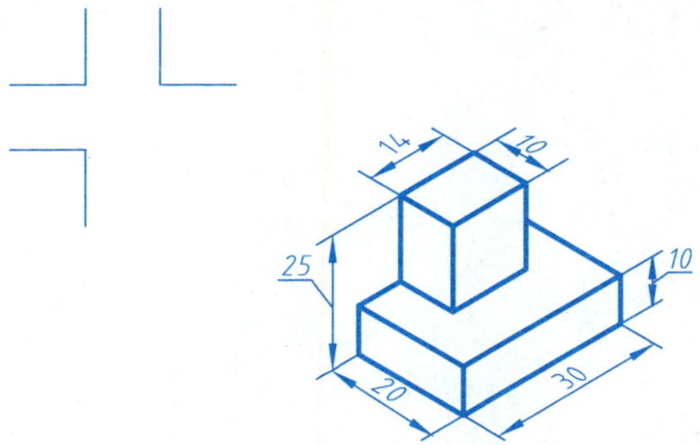

2.

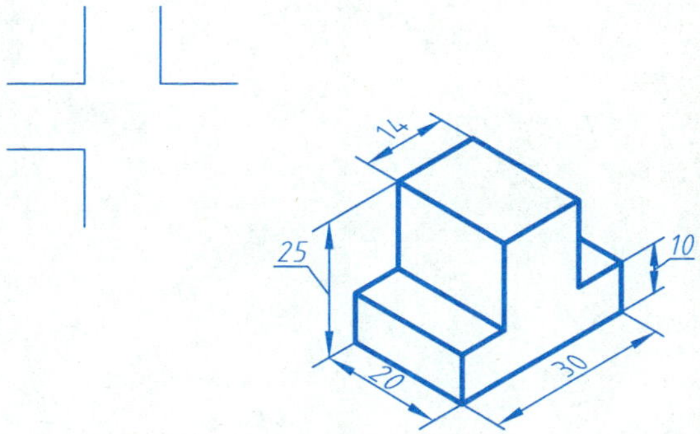

3.

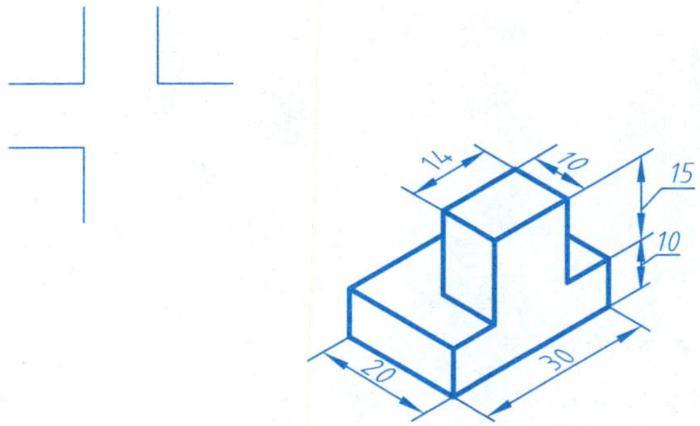

4.

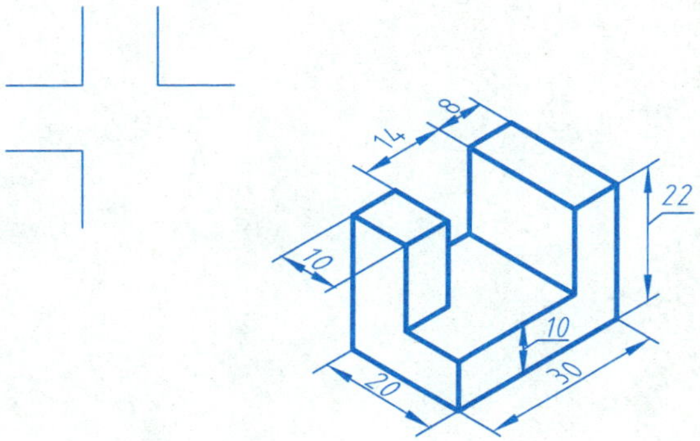

5-2　根据给出的轴测图上的尺寸画三视图（三）。

9.

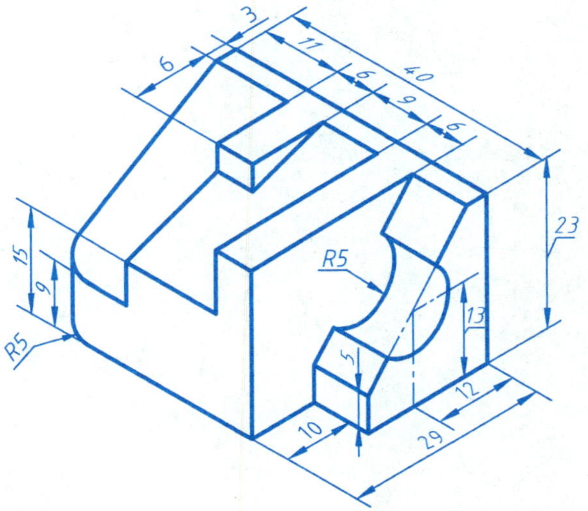

10.

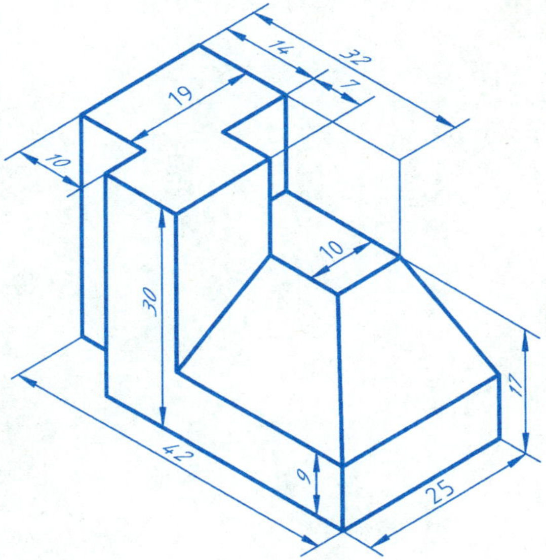

5-3　根据轴测图补齐三视图中所缺的线条（二）。

5.

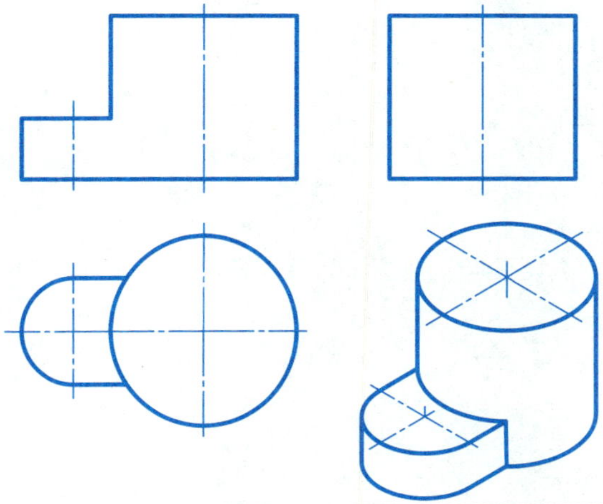

6.

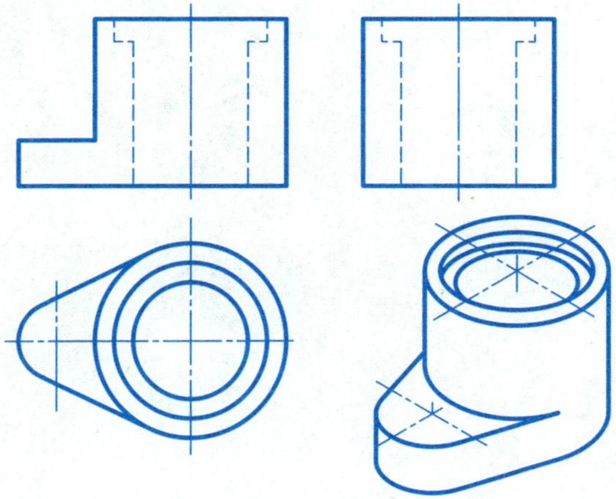

7.

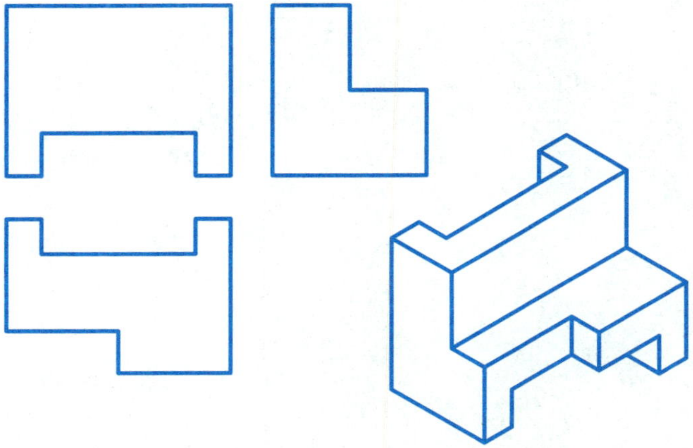

8.

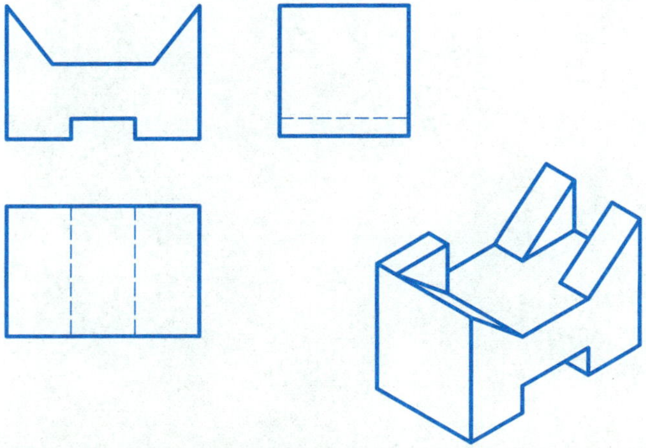

5-4　根据轴测图，补齐已给主、俯视图上所缺的线条，并补画左视图。

1.

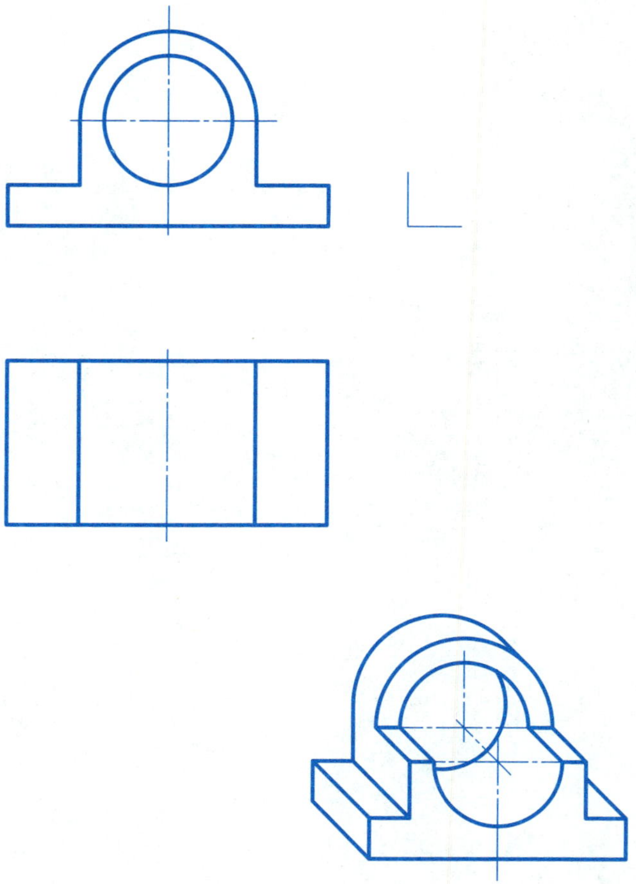

2.

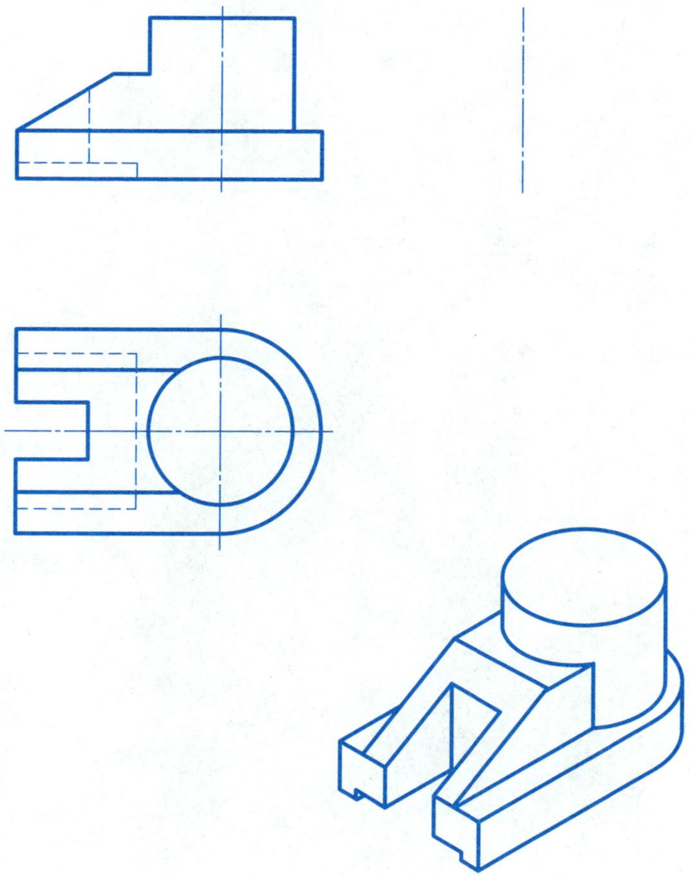

5-5 在 A3 图纸上，用 1 : 1 的比例根据轴测图画出三视图并标注尺寸（二）。

3.

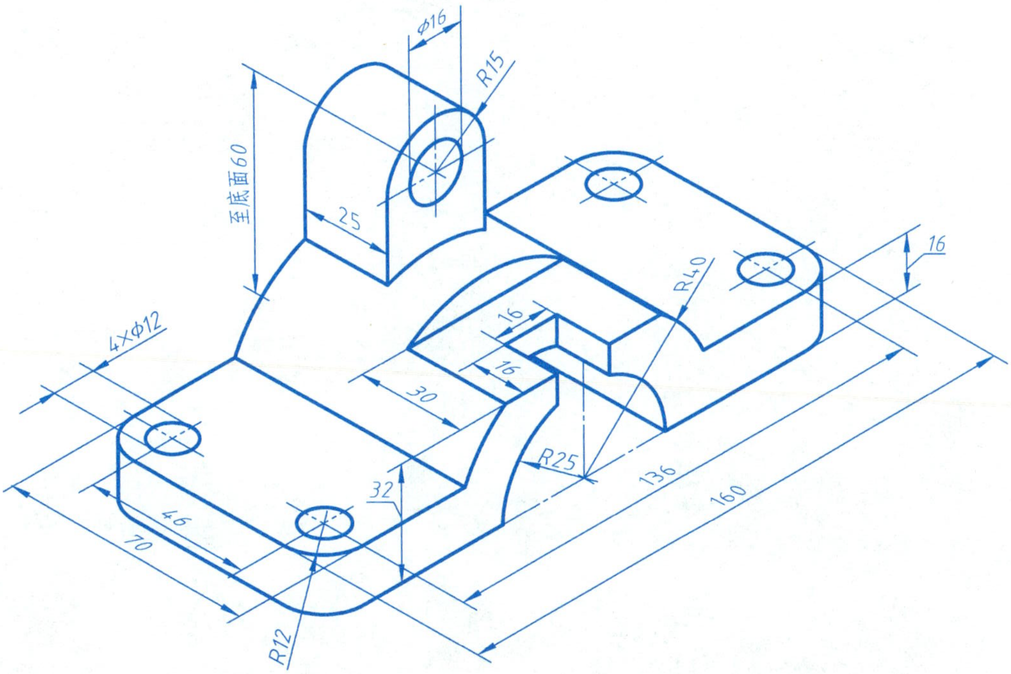

4.

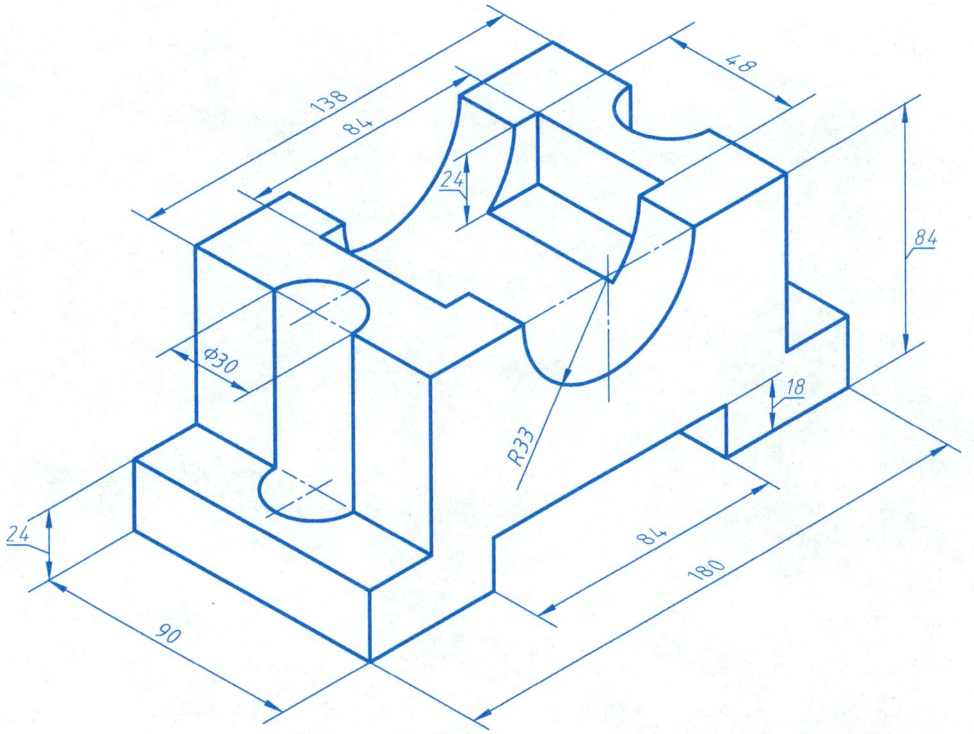

班级　　姓名　　学号

5-7 补画出三视图中所缺的线条（一）。

1.

2.

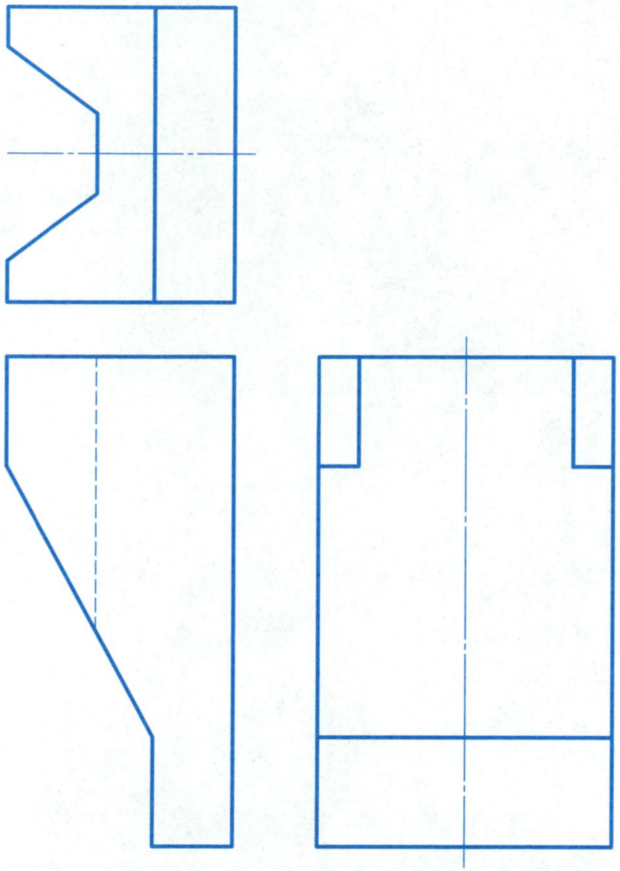

班级　　姓名　　学号

5-7　补画出三视图中所缺的线条（二）。

3.

4.

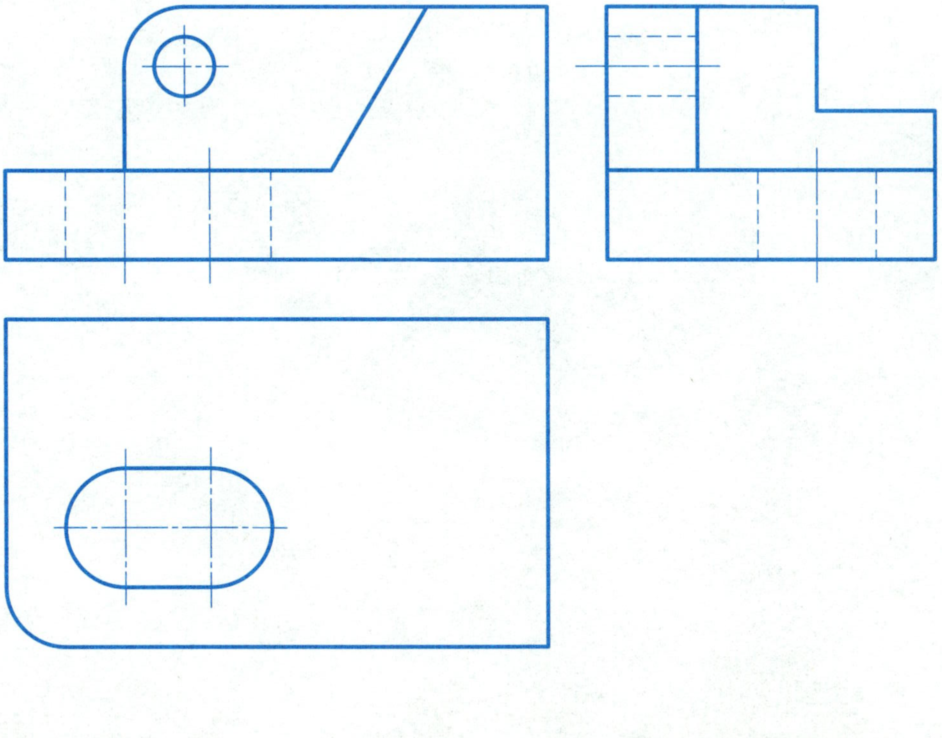

班级　　　　　　姓名　　　　　　学号

5-8　根据两视图想象出立体形状，并补画出左视图。

1.

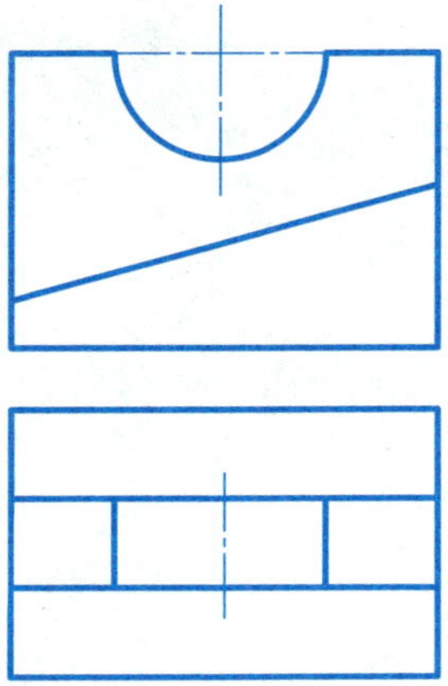

2.

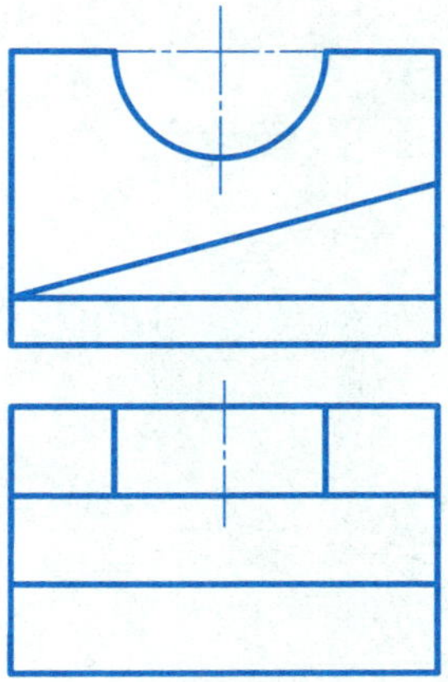

3.

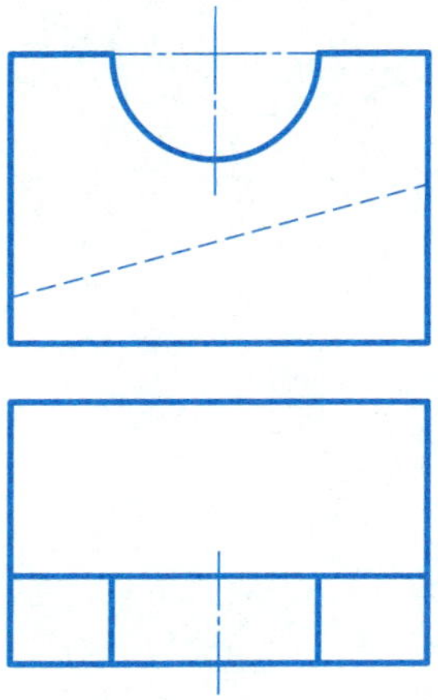

4.

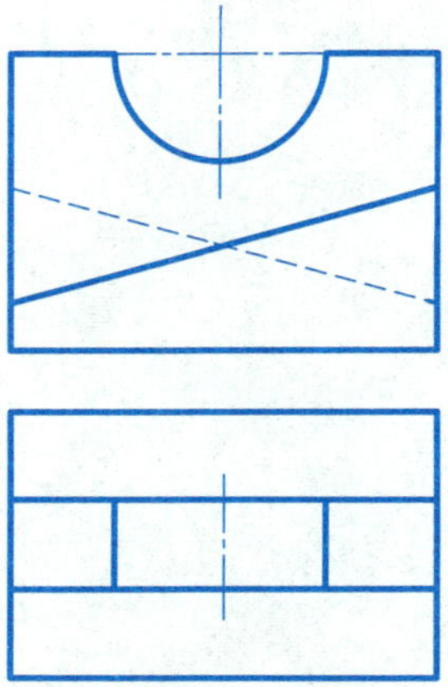

5-9 根据两视图想象出立体形状，并补画出另一视图（二）。

3.

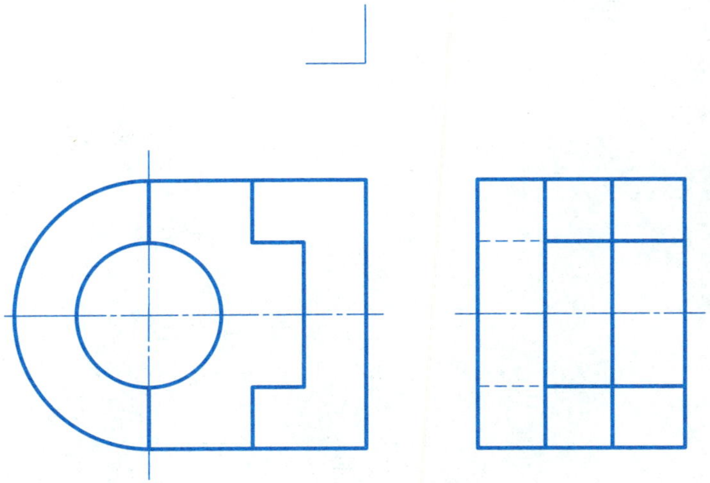

4.

5-9 根据两视图想象出立体形状，并补画出另一视图（四）。

7.

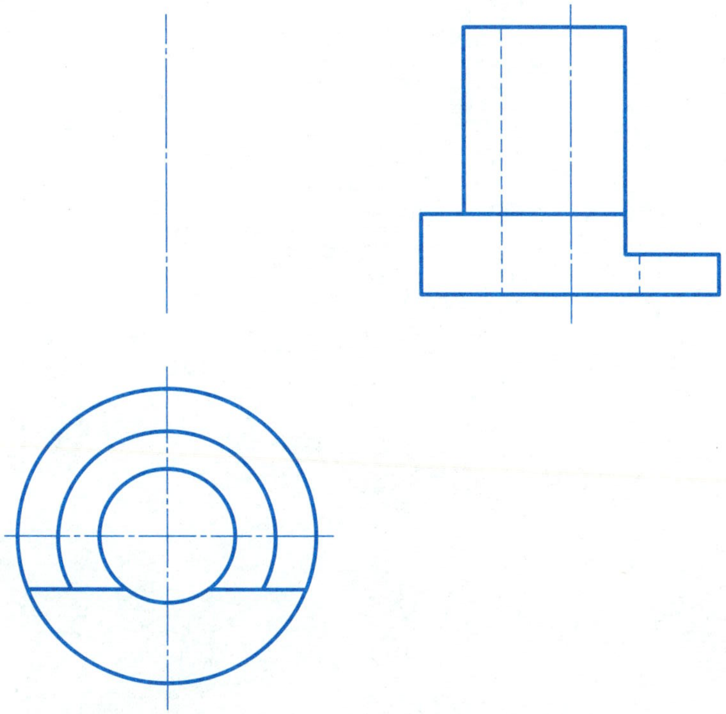

8.

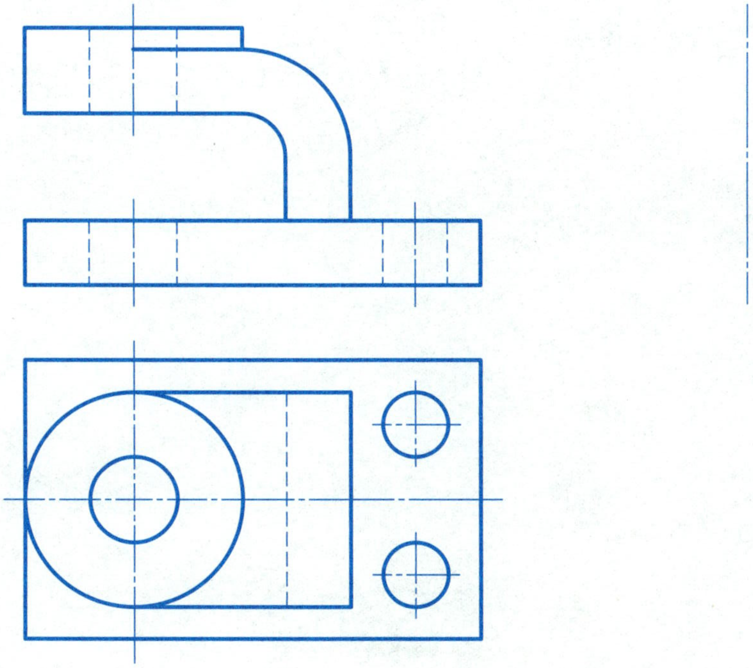

班级　　姓名　　学号

5-9 根据两视图想象出立体形状，并补画出另一视图（七）。

13.

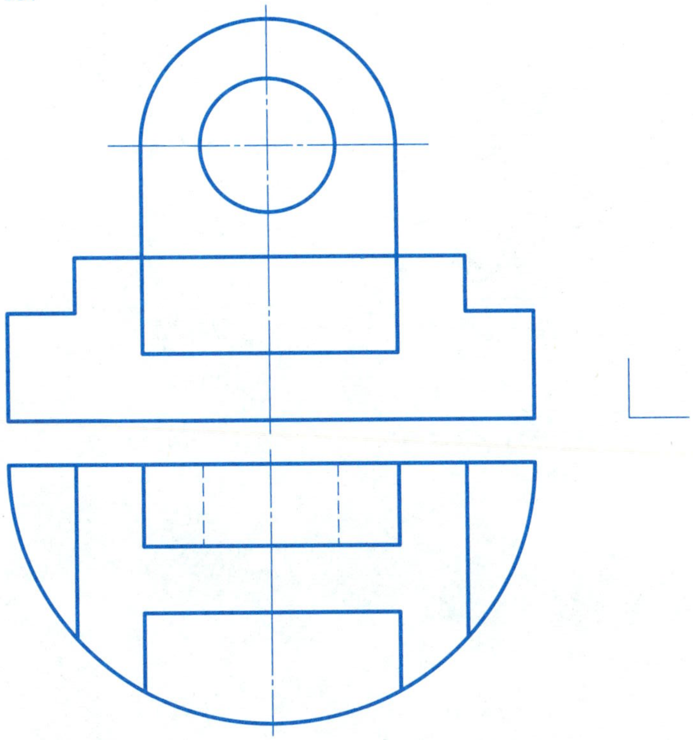

14.

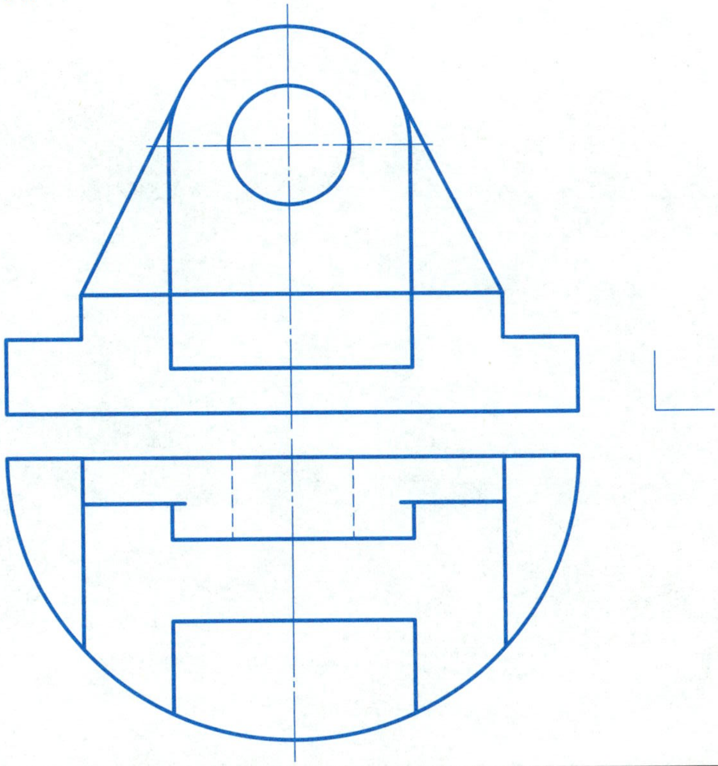

5-9 根据两视图想象出立体形状，并补画出另一视图（八）。

15.

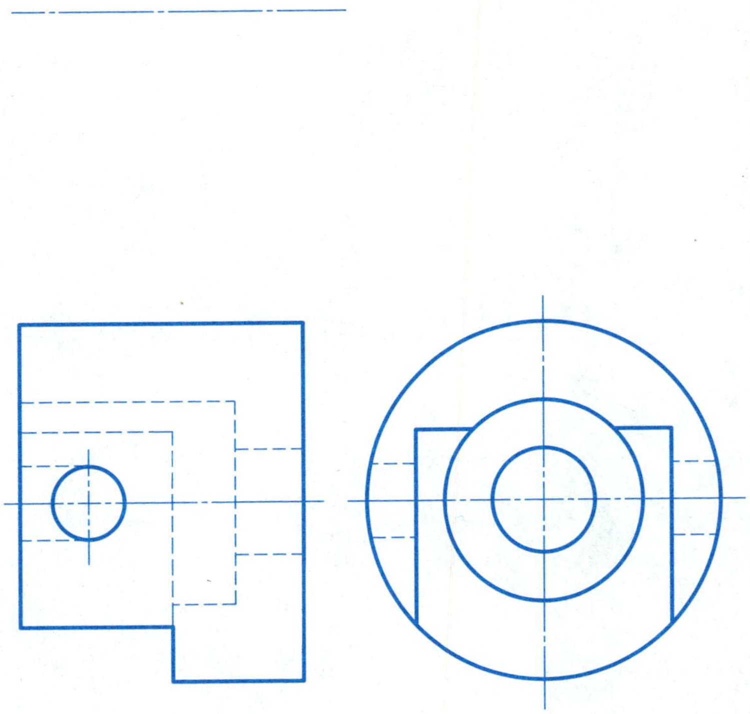

16.

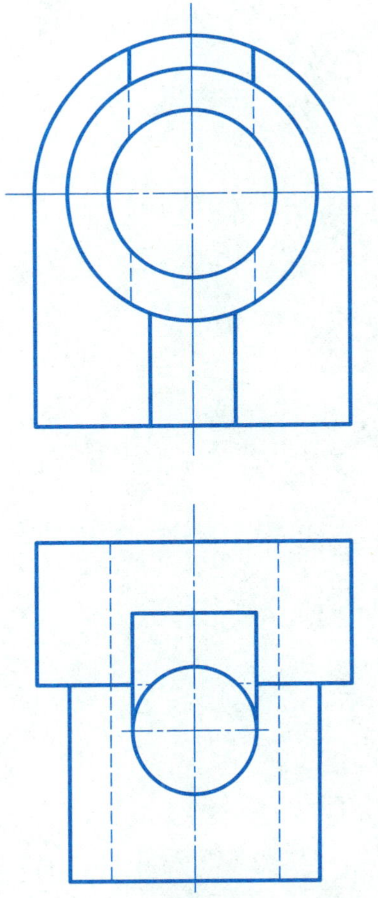

班级 姓名 学号

5-9 根据两视图想象出立体形状，并补画出另一视图（十）。

19.

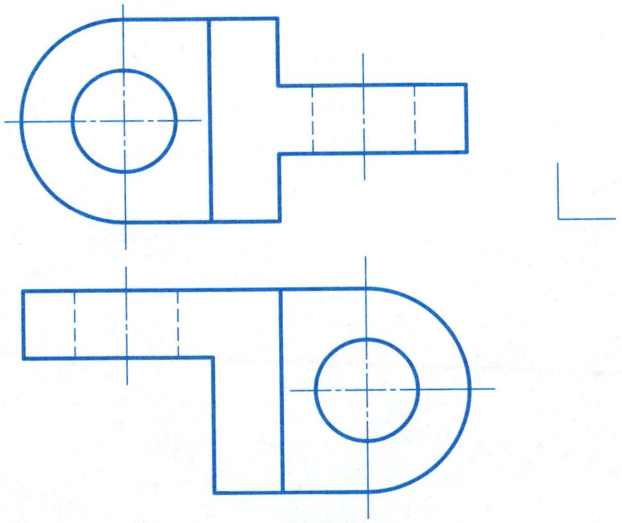

20.

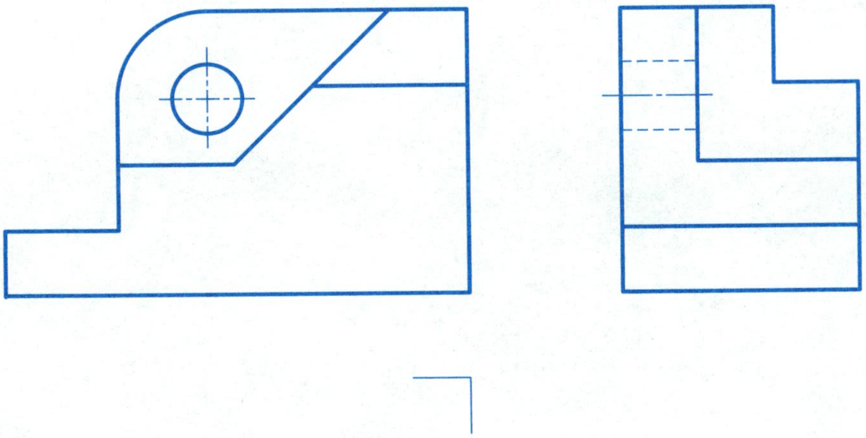

第 6 章　轴测投影图

班级　　　　　姓名　　　　　学号

6-1　根据已知视图，在指定的位置画出物体的正等轴测图。

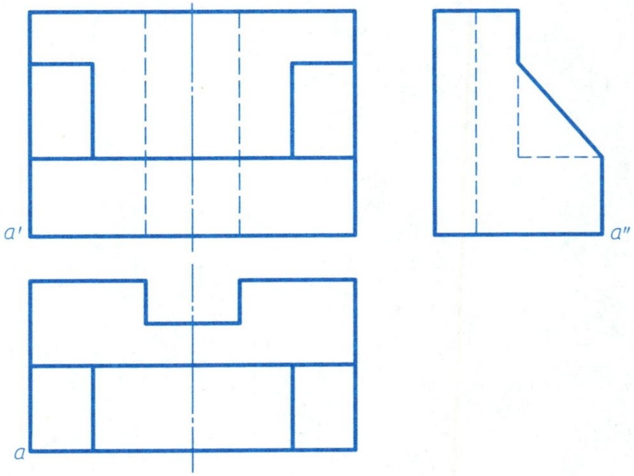

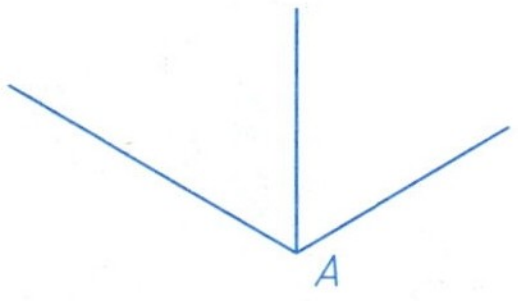

6-2　根据已知视图，补画第三视图并在指定位置画出正等轴测图。(一)

1.

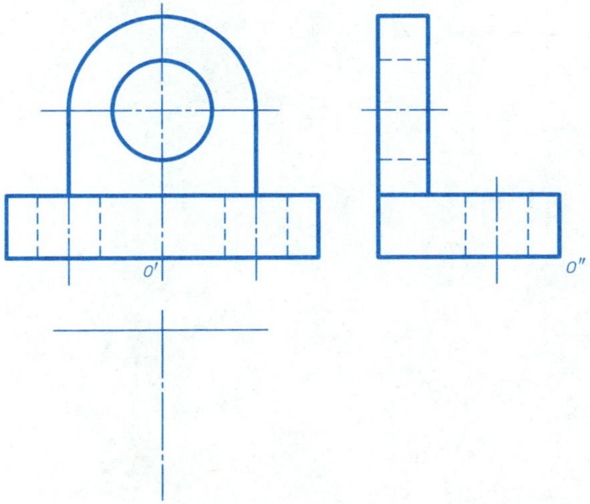

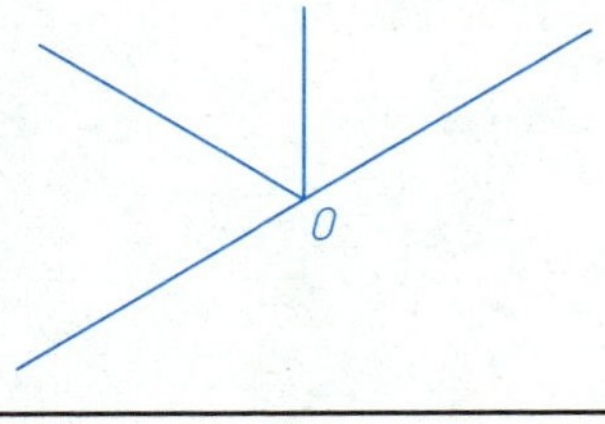

6-2　根据已知视图，补画第三视图并在指定位置画出正等轴测图。（二）

2.

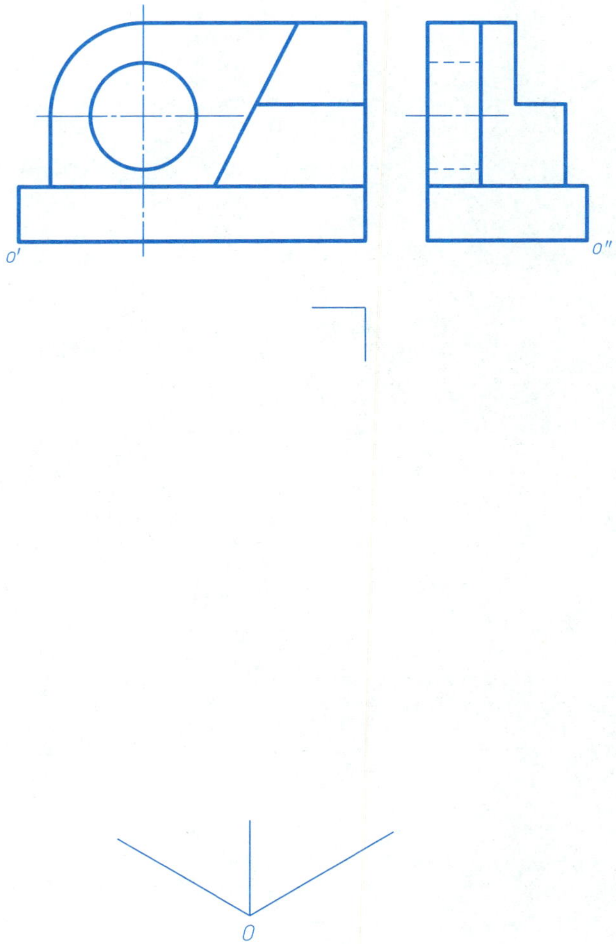

3.

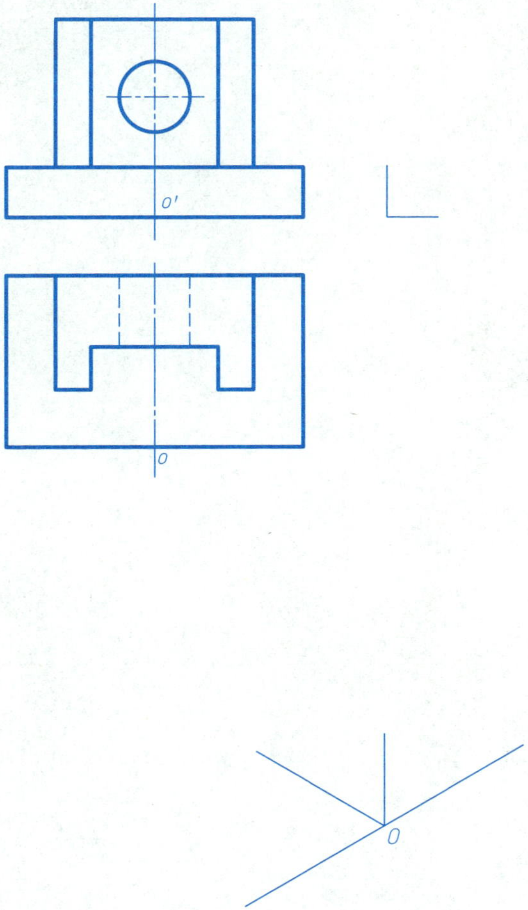

6-4 根据已知视图，在指定的位置画出物体的斜二轴测图。

1.

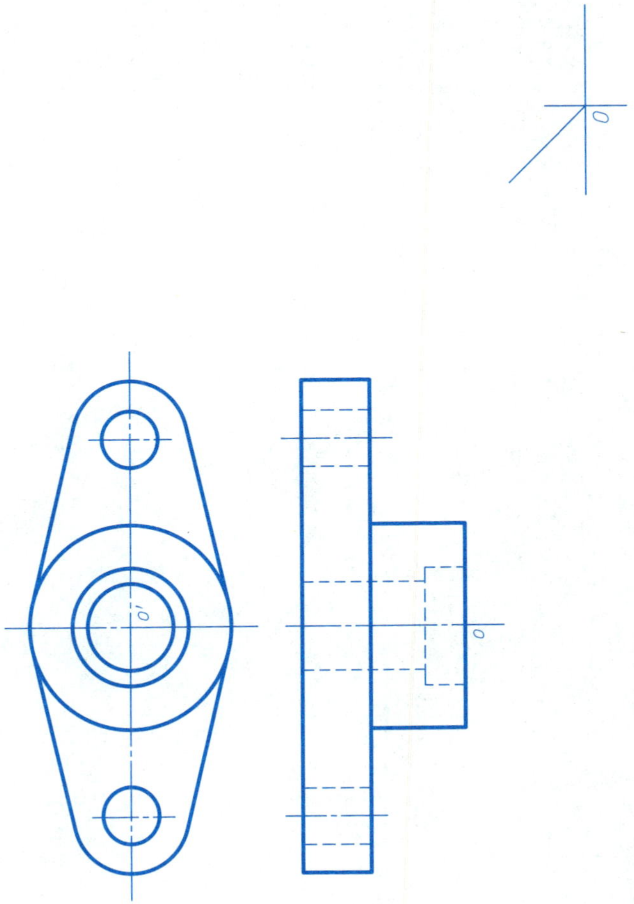

2.

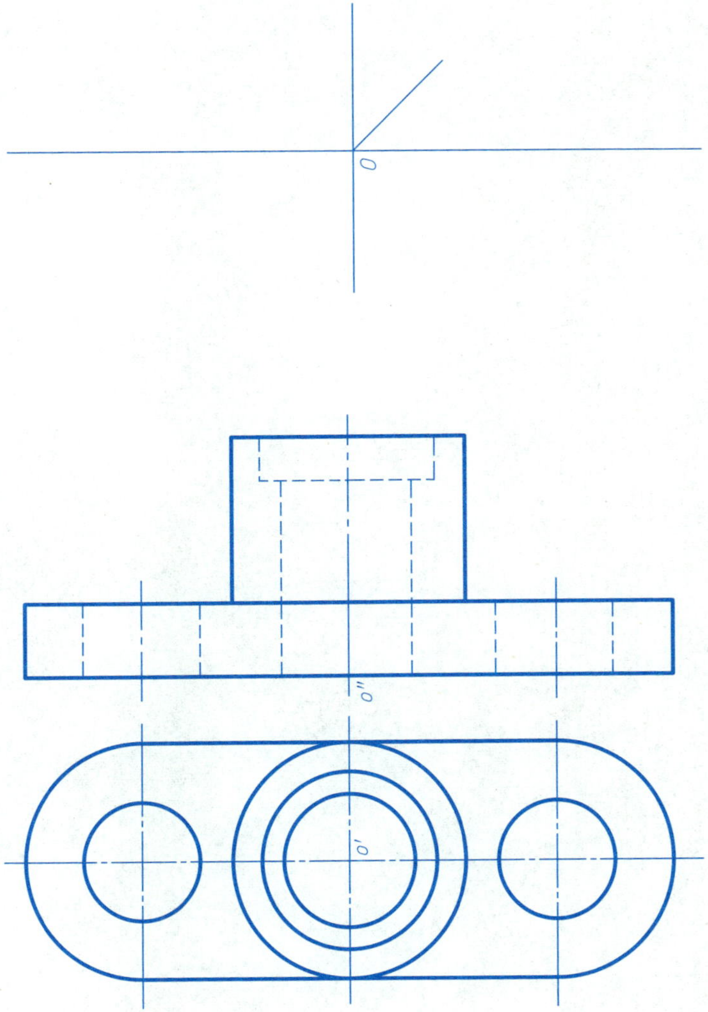

7-1　按给定的主视图和俯视图补全图示机件的其余四个基本视图。

班级　　　　姓名　　　　学号

7-2　选出正确的局部视图。

1.

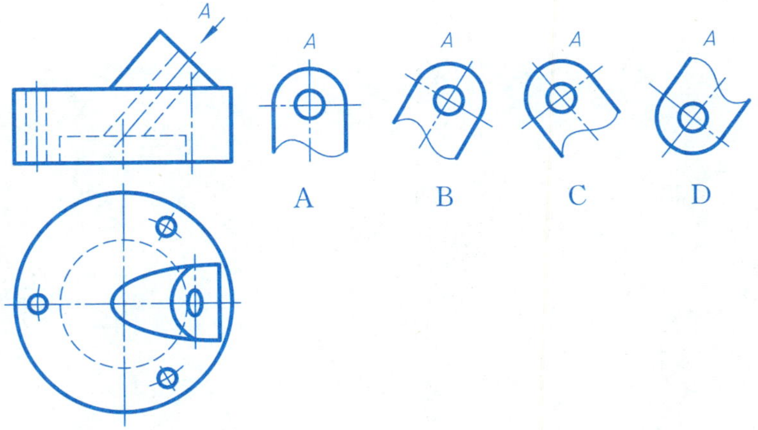

答案：(　　　)

2.

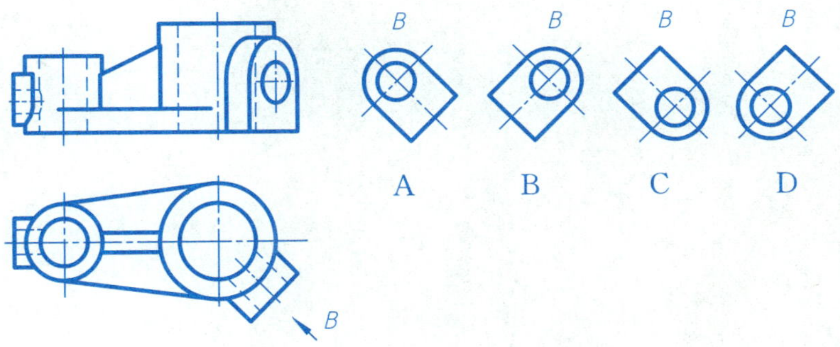

答案：(　　　)

3.

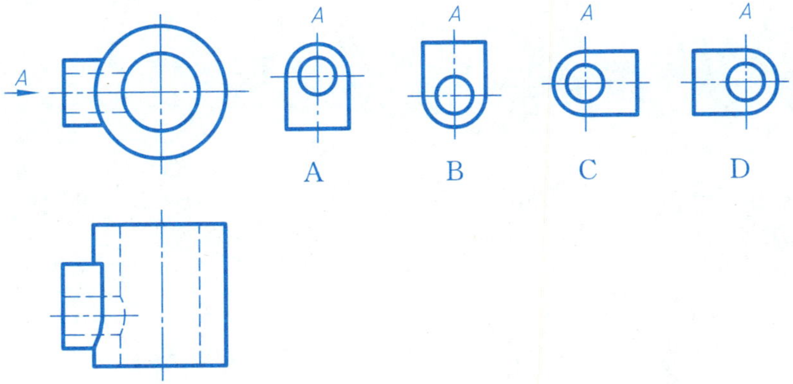

答案：(　　　)

4.

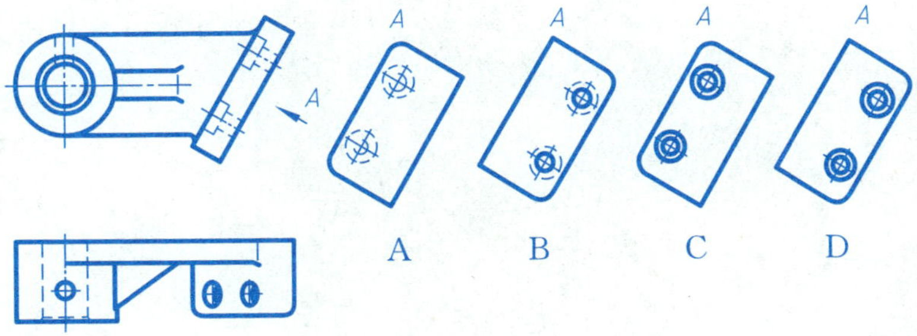

答案：(　　　)

7-5　选出正确的全剖视图。

1.

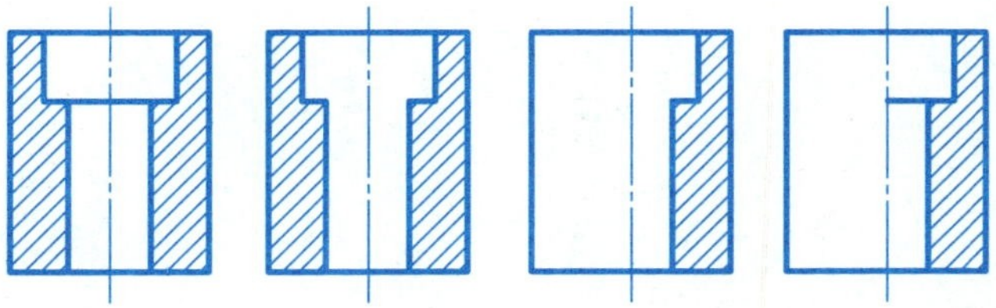

A　　B　　C　　D

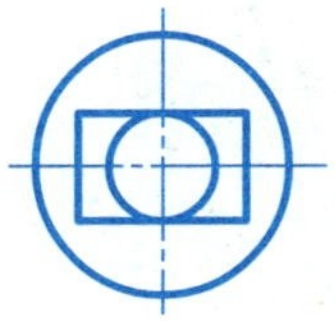

答案：(　　)

2.

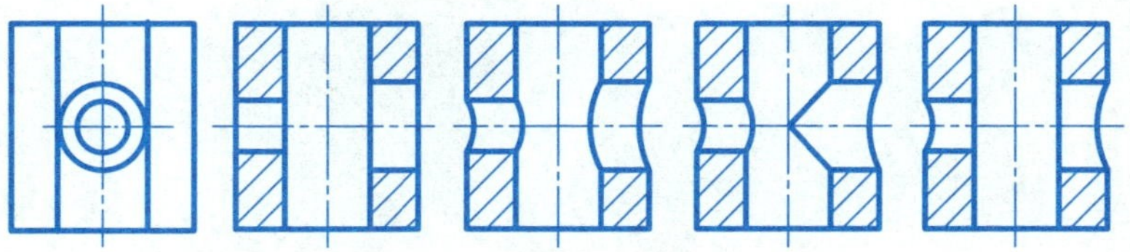

A　　B　　C　　D

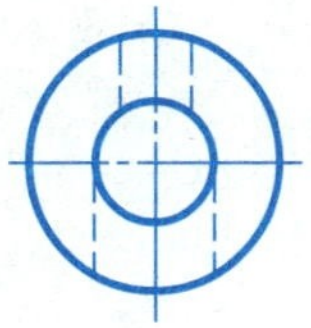

答案：(　　)

3.

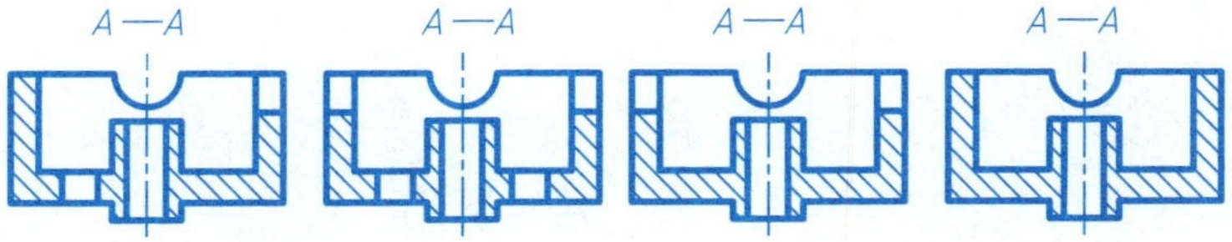

A　　B　　C　　D

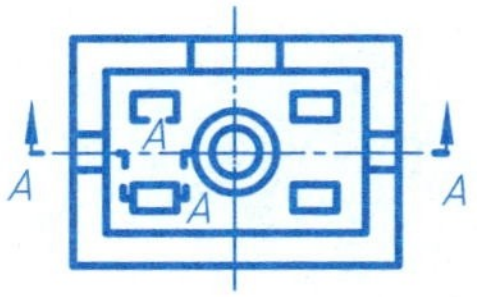

答案：(　　)

4.

A　　B　　C　　D

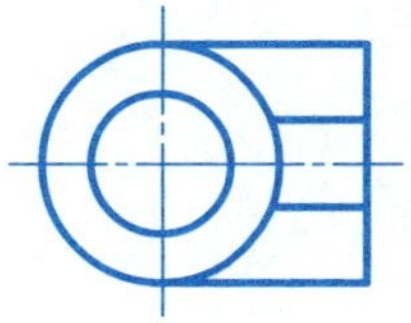

答案：(　　)

班级　　　　姓名　　　　学号

7-7　补画全剖视图中的漏线。

1.

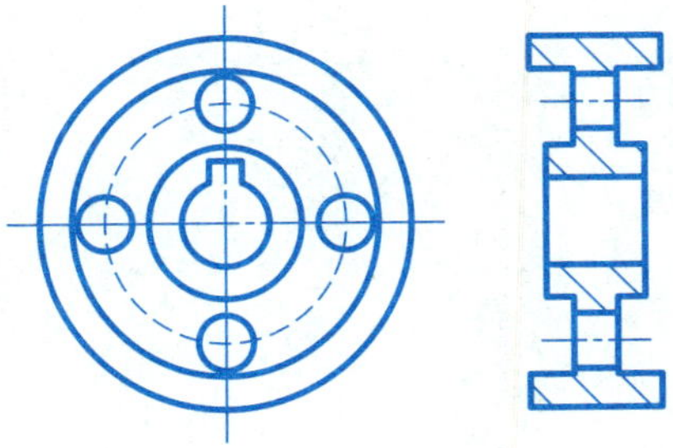

2.

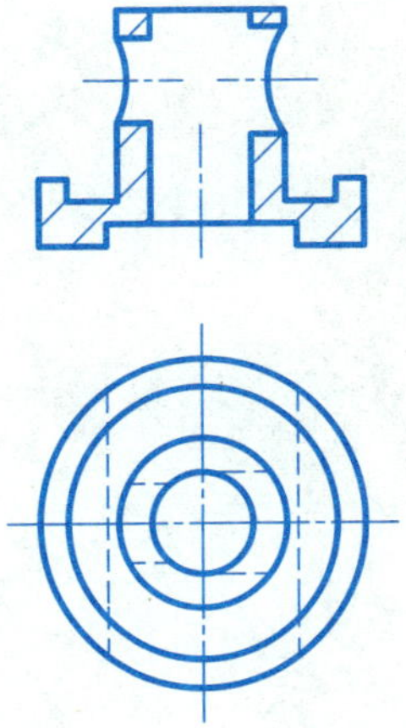

3.

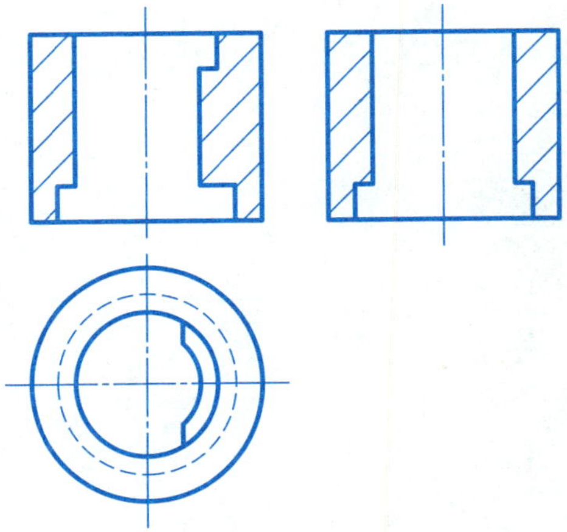

4.

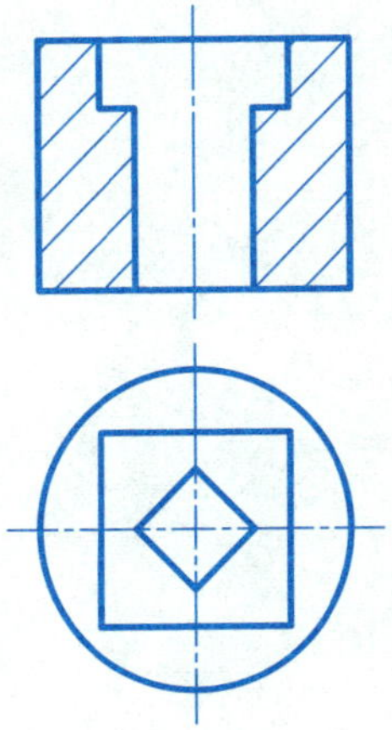

班级　　　　姓名　　　　学号

7-8　选出正确的半剖视图。

1.

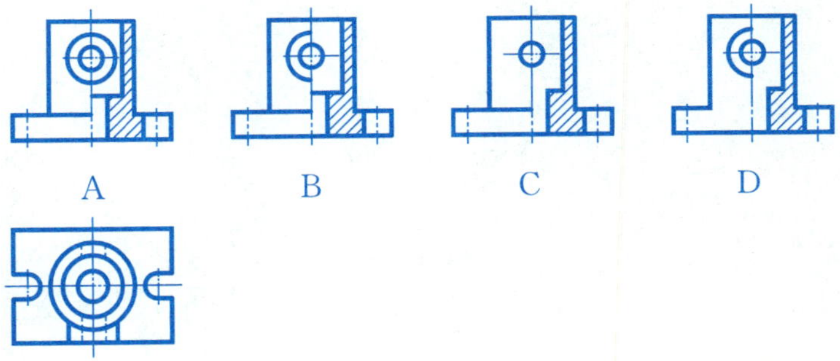

答案：(　　)

2.

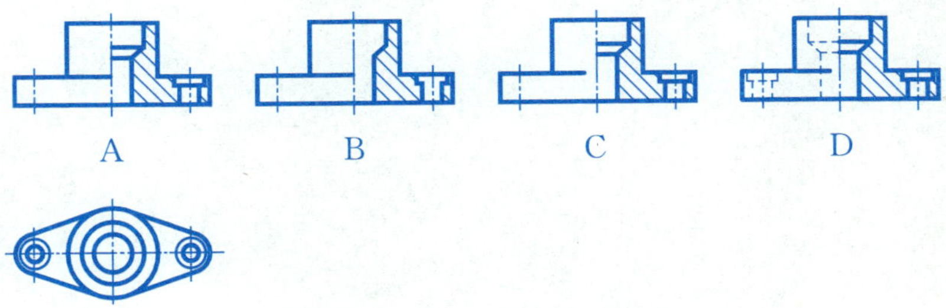

答案：(　　)

3.

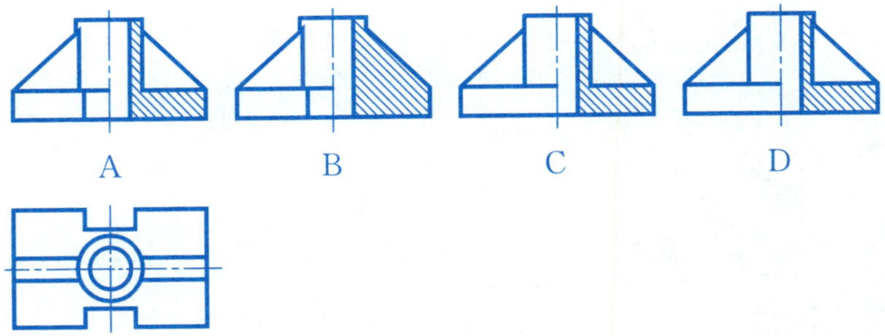

答案：(　　)

4.

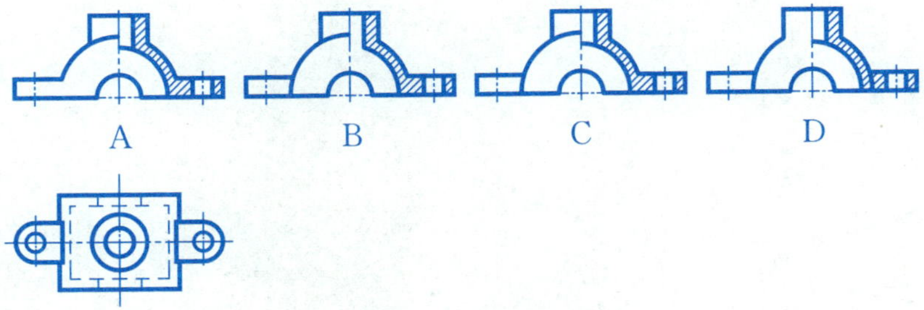

答案：(　　)

7-10　将主、俯视图改画成半剖视图（画在预留位置）。

1. 改主视图。

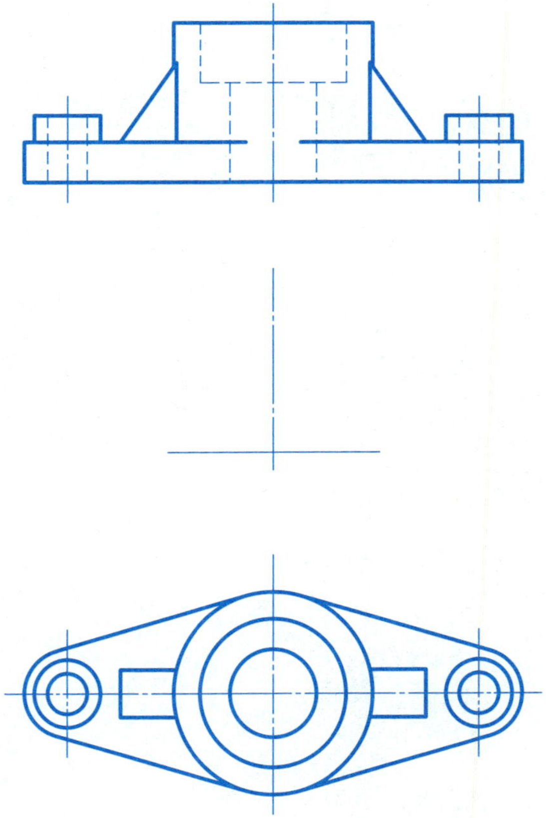

2. 改主、俯视图。

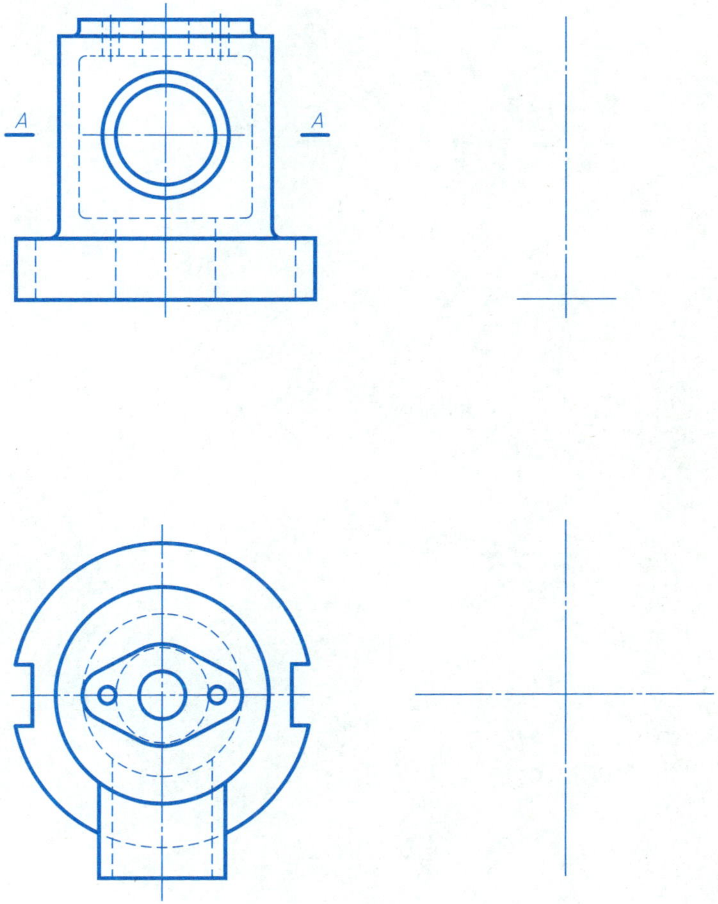

7-12 在指定位置画出局部剖视图（一）。

1.

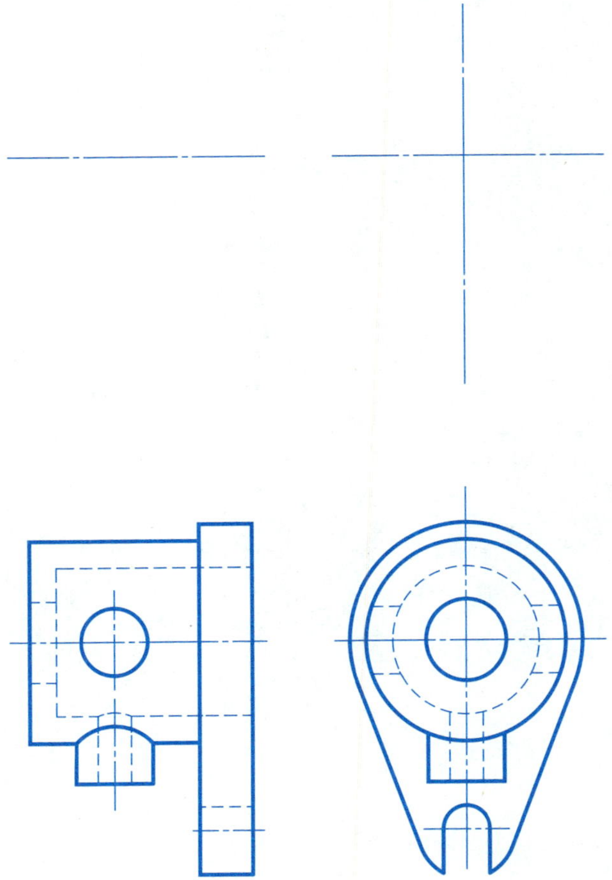

2.

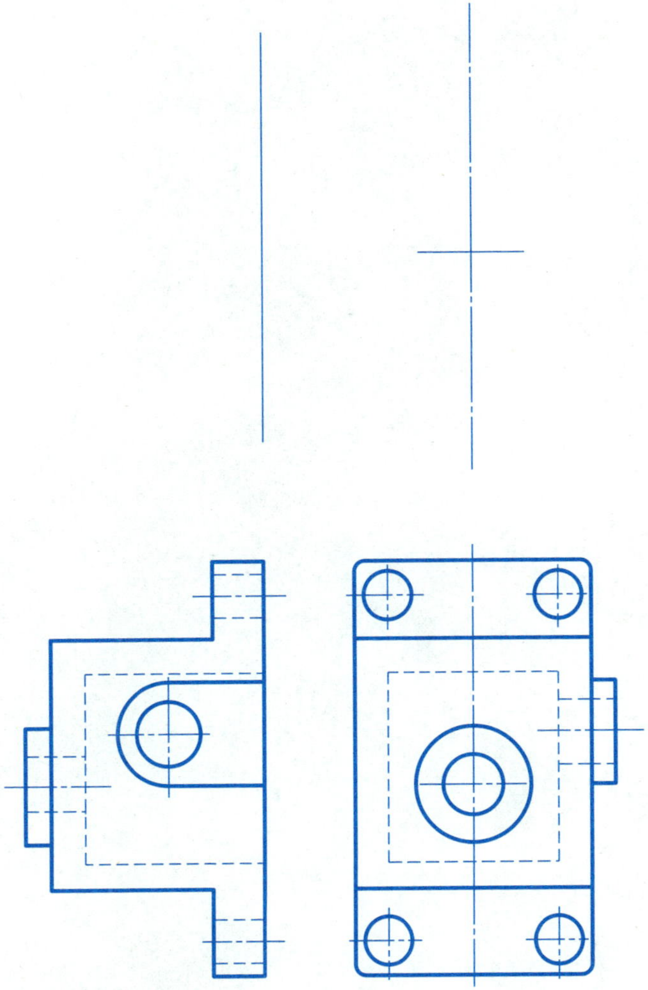

班级　　姓名　　学号

7-12　在指定位置画出局部剖视图（二）。

3.

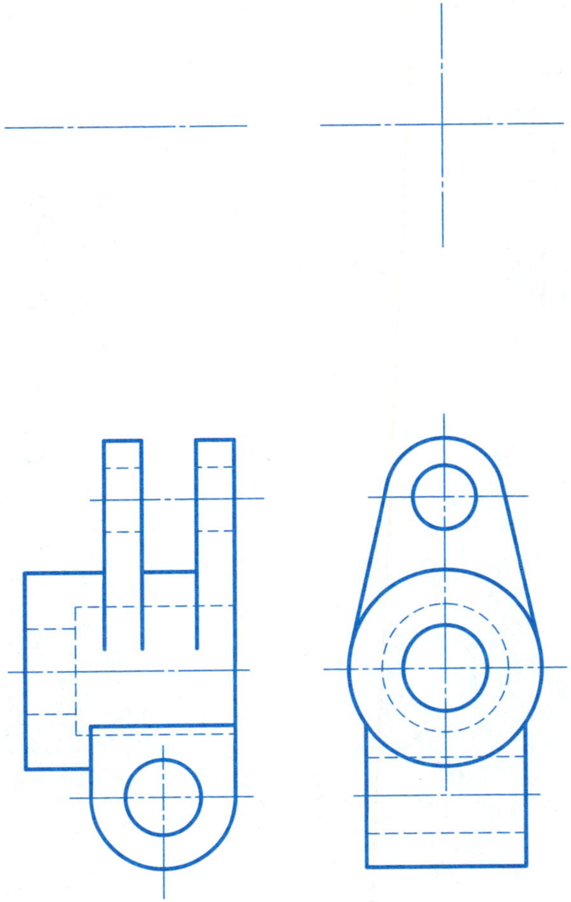

4.

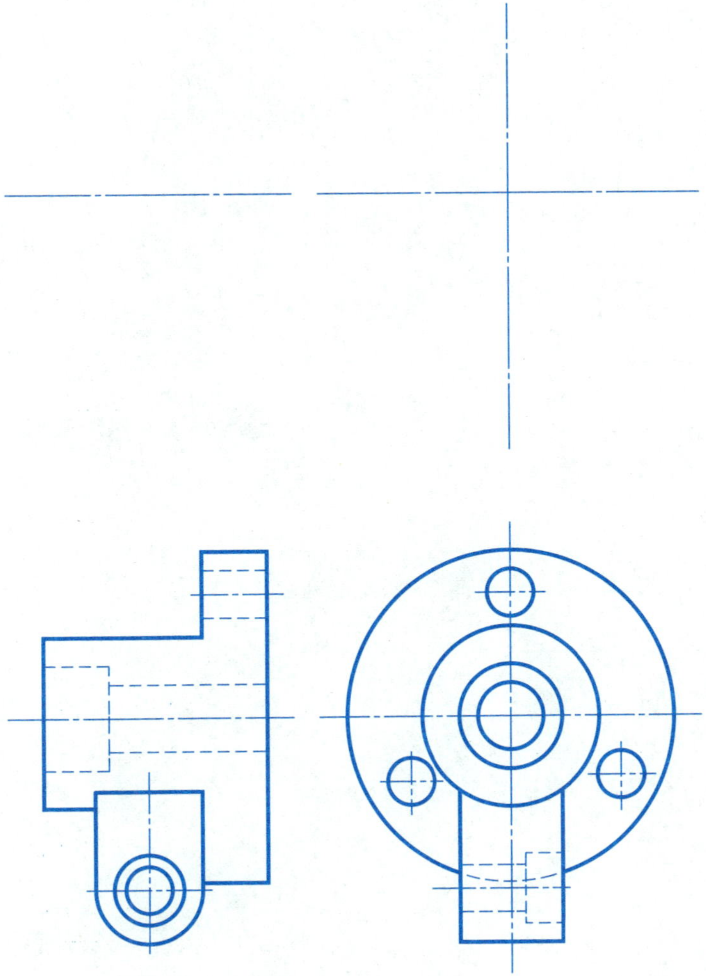

班级　　　　姓名　　　　学号

7-14　在指定位置绘制剖视图。

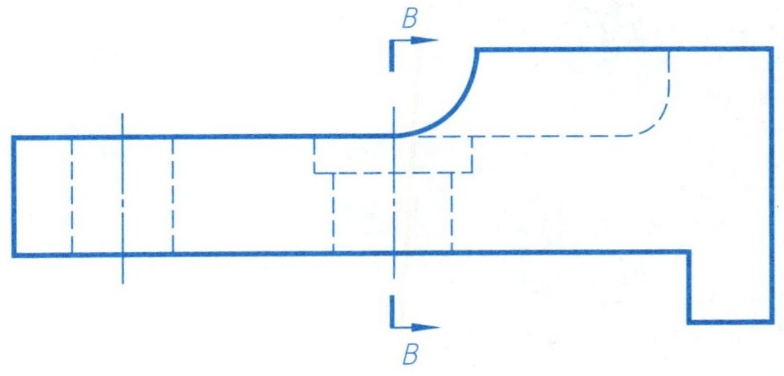

B—B

A—A

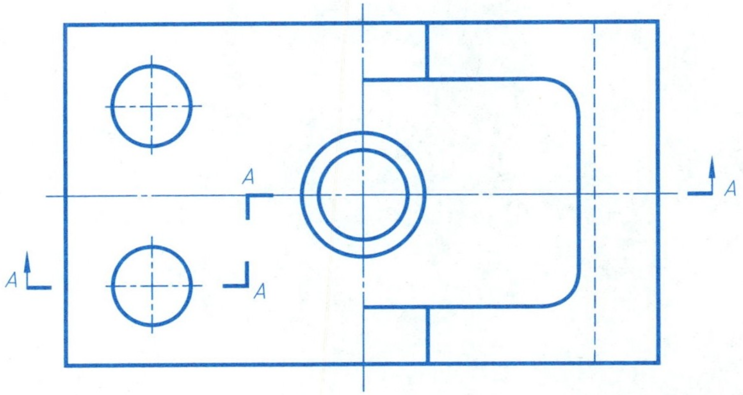

7-17　选出正确的移出断面图。

1.

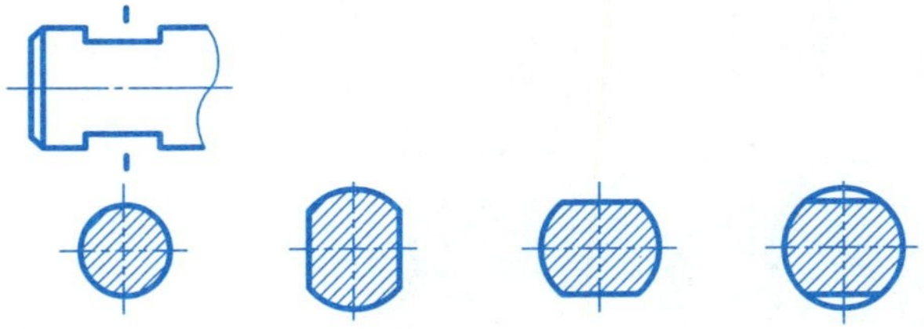

A　　B　　C　　D

答案：(　　)

2.

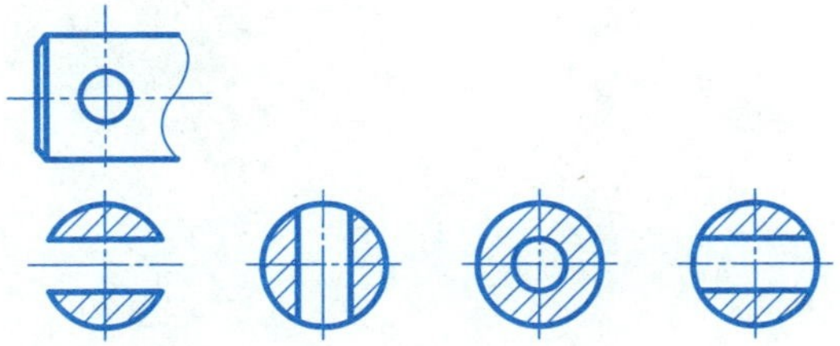

A　　B　　C　　D

答案：(　　)

3.

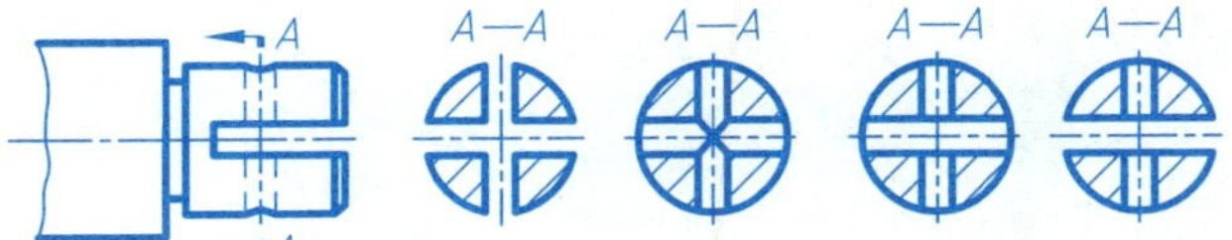

A　　B　　C　　D

答案：(　　)

4.

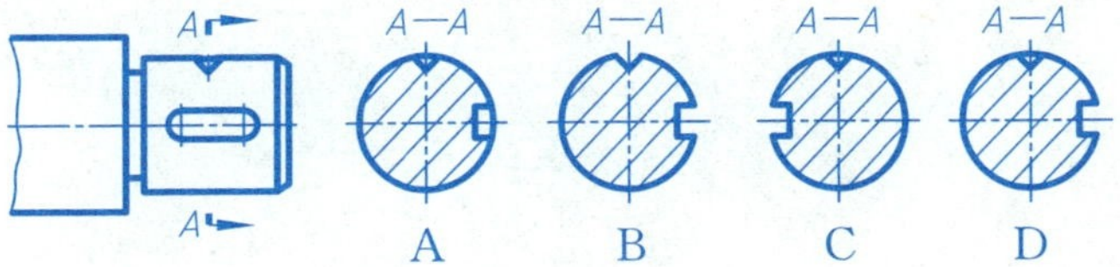

A　　B　　C　　D

答案：(　　)

5.

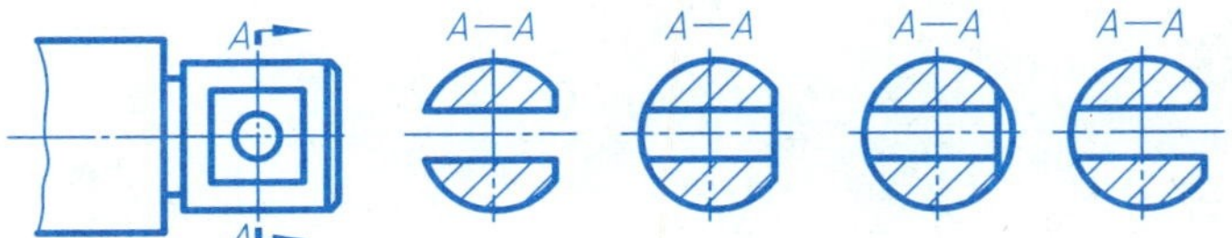

A　　B　　C　　D

答案：(　　)

6.

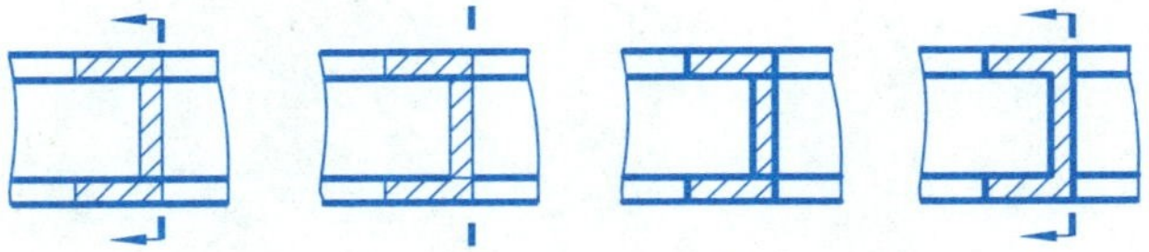

A　　B　　C　　D

答案：(　　)

班级　　　　姓名　　　　学号

7-18 找出下列断面图的错误并改正。

1.

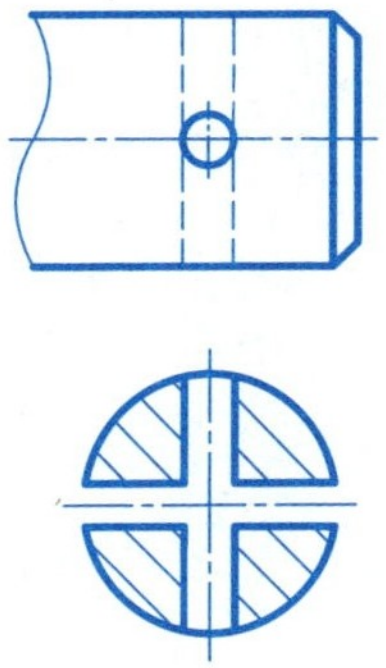

2.

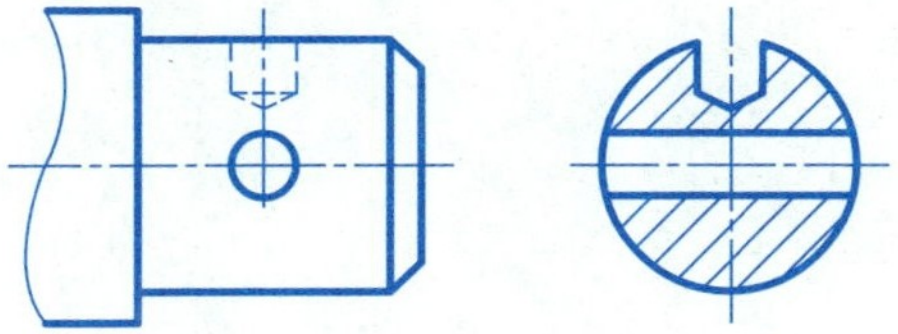

3.

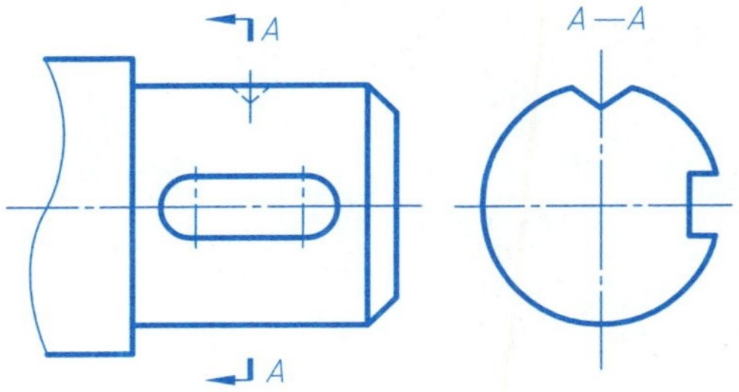

4.

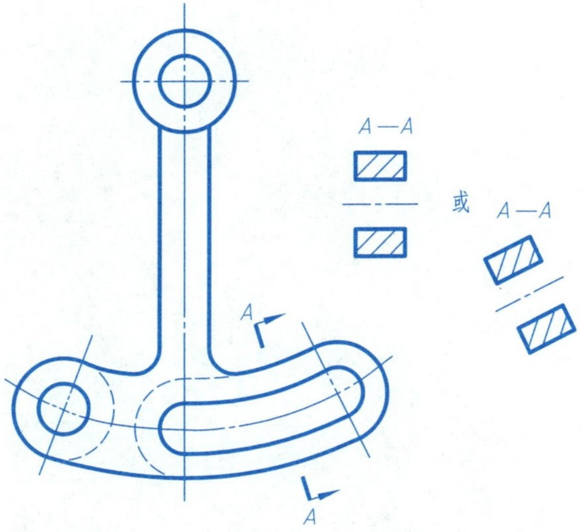

班级　　　　姓名　　　　学号

7-22 画出肋板的重合断面图。

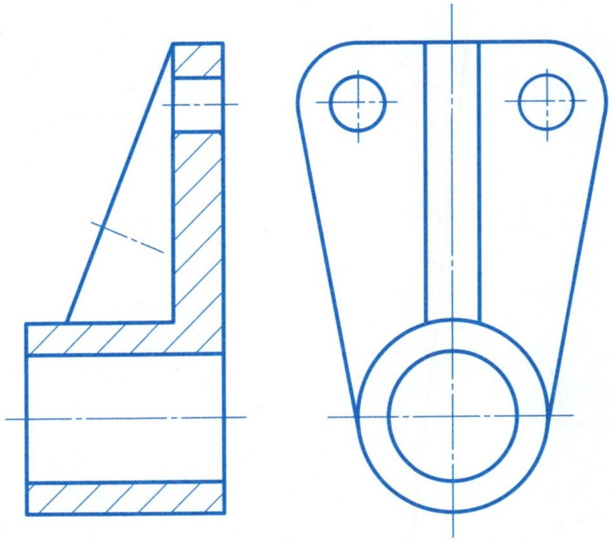

7-23 画出十字肋板的移出断面图。

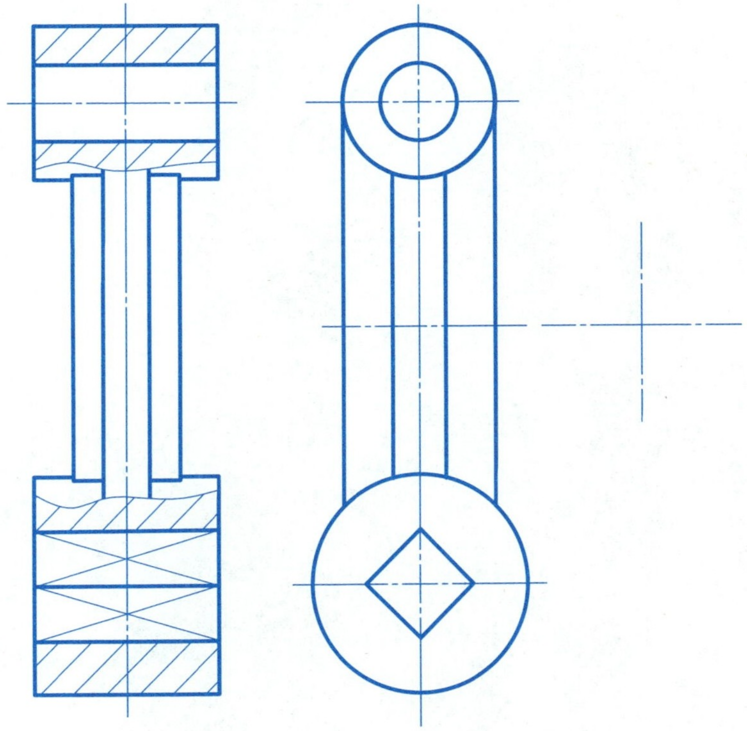

第 8 章　标准件与常用件

班级　　　　姓名　　　　学号

8-1　指出视图中画法的错误之处（打×），并画出正确的图形。

1. 外螺纹

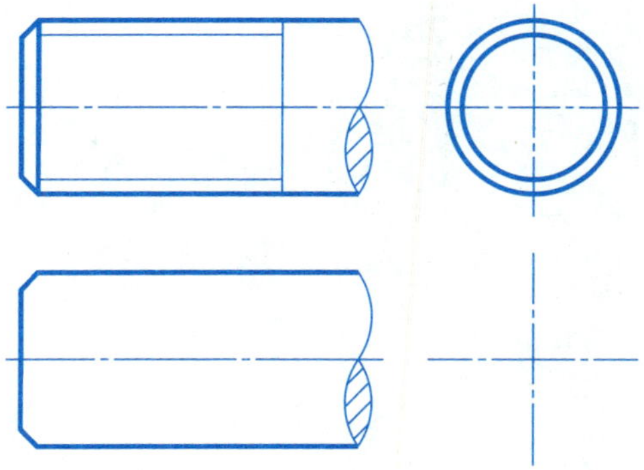

2. 内螺纹

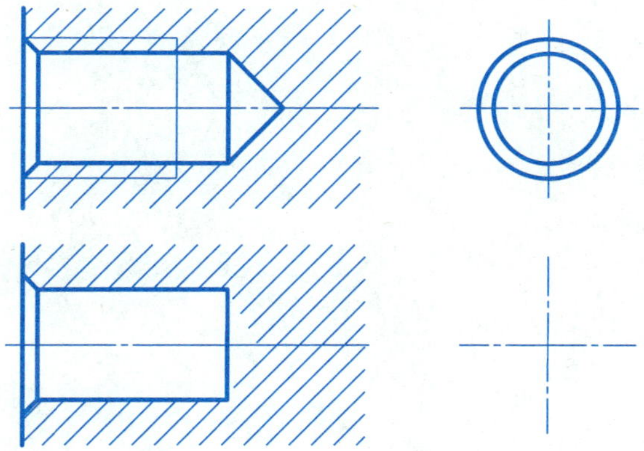

3. 内外螺纹连接（一）

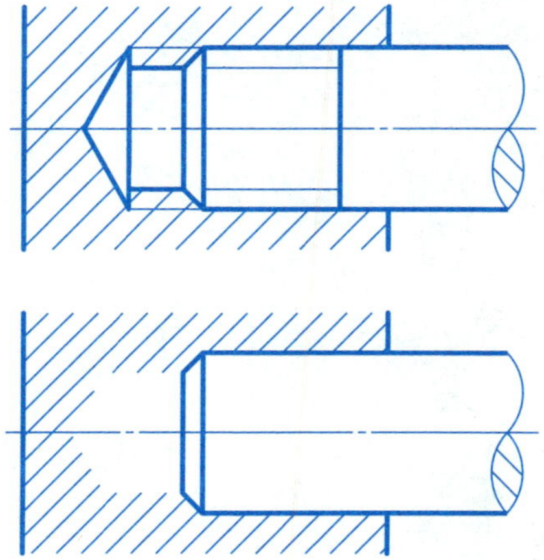

4. 内外螺纹连接（二）

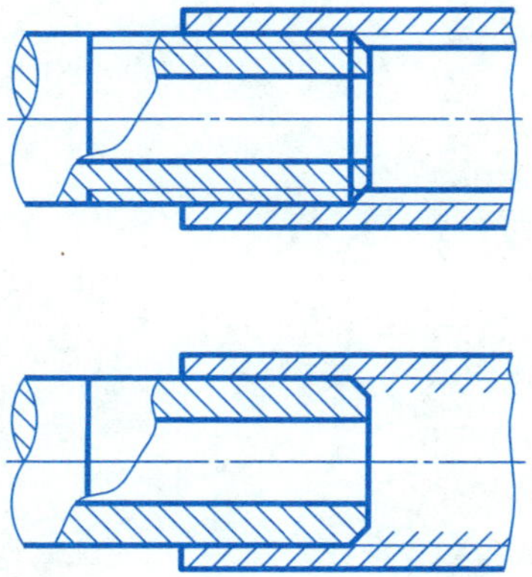

班级　　　　姓名　　　　学号

8-2　按螺纹的标记和标注方法，正确标注下列各种螺纹。

1. 大径 24mm，螺距 3mm，中、顶径公差带代号分别为 5g、6g，短旋合长度的右旋粗牙普通螺纹。

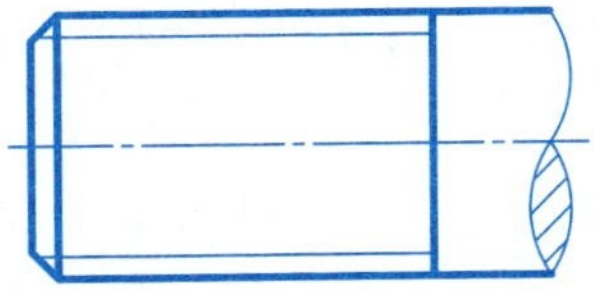

2. 大径 30mm，螺距 1.5mm，中、顶径公差带代号为 7H 的右旋细牙普通螺纹。

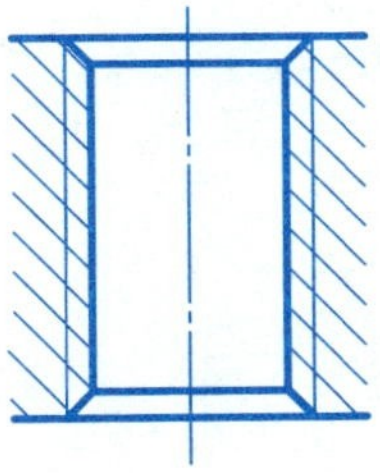

3. 大径 36mm，螺距 6mm，中径公差带代号为 8e，中等旋合长度的单线左旋梯形螺纹。

4. 55°非密封管螺纹，右旋，尺寸代号为 3/4，A 级。

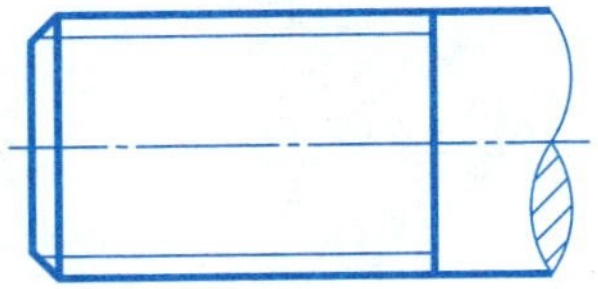

5. 与圆锥内管螺纹旋合的 55°密封圆锥外管螺纹，右旋，尺寸代号为 1/2。

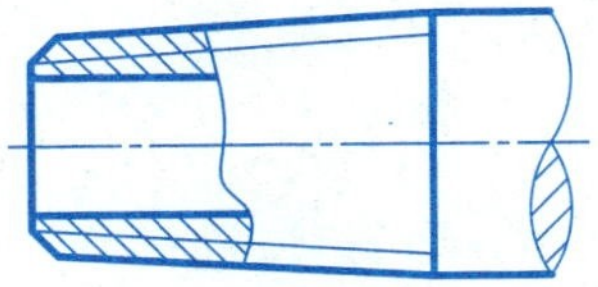

6. 55°密封圆柱内管螺纹，左旋，尺寸代号为 3/4。

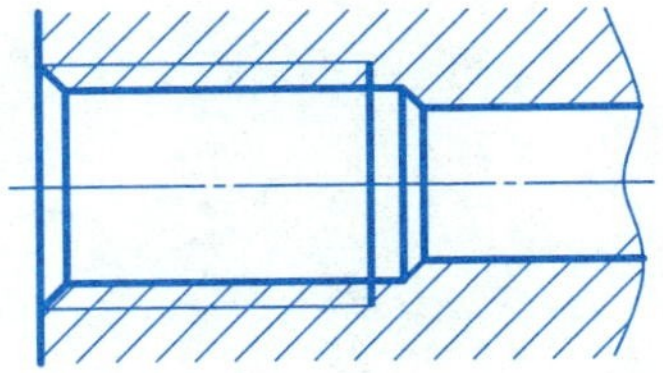

班级　　　　　　姓名　　　　　　学号

8-4　指出视图中画法的错误之处（打×），并画出正确的图形。

1. 螺栓连接

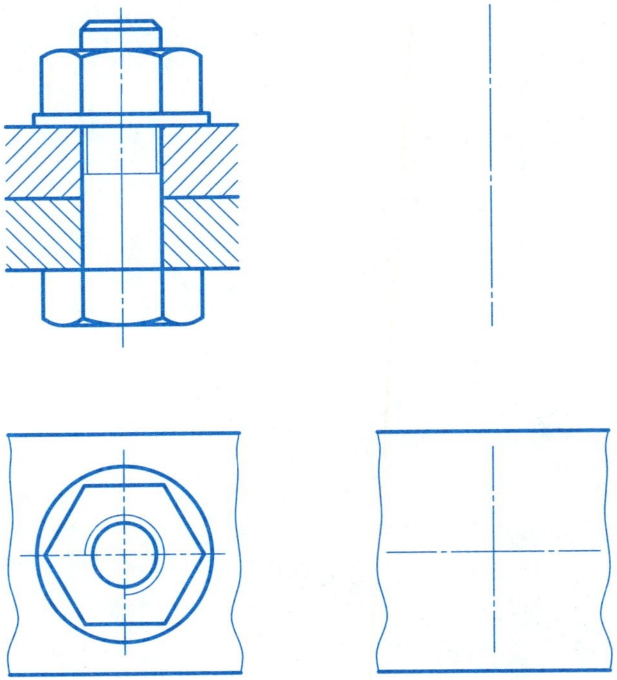

2. 螺柱连接

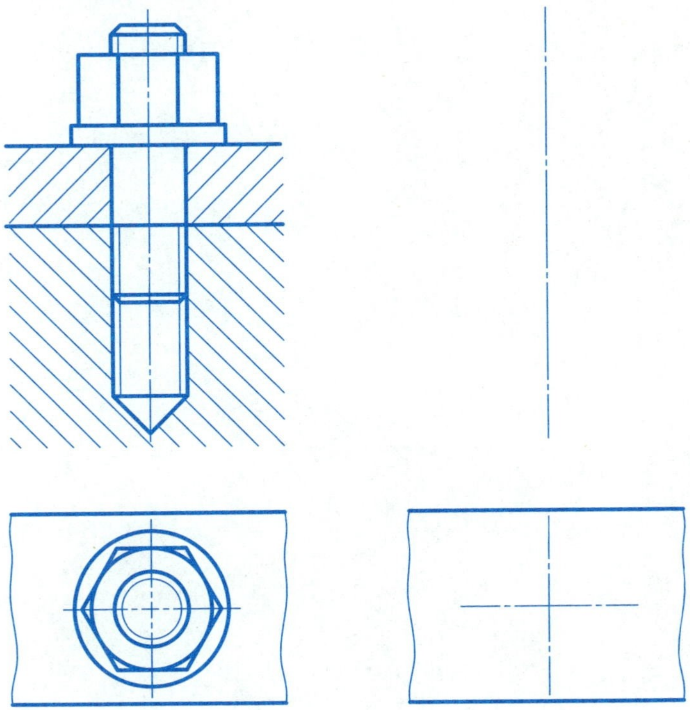

8-7 已知标准圆柱齿轮的模数 $m=2.5\text{mm}$，齿数 $z=40$，完成下列两视图，并标注尺寸。

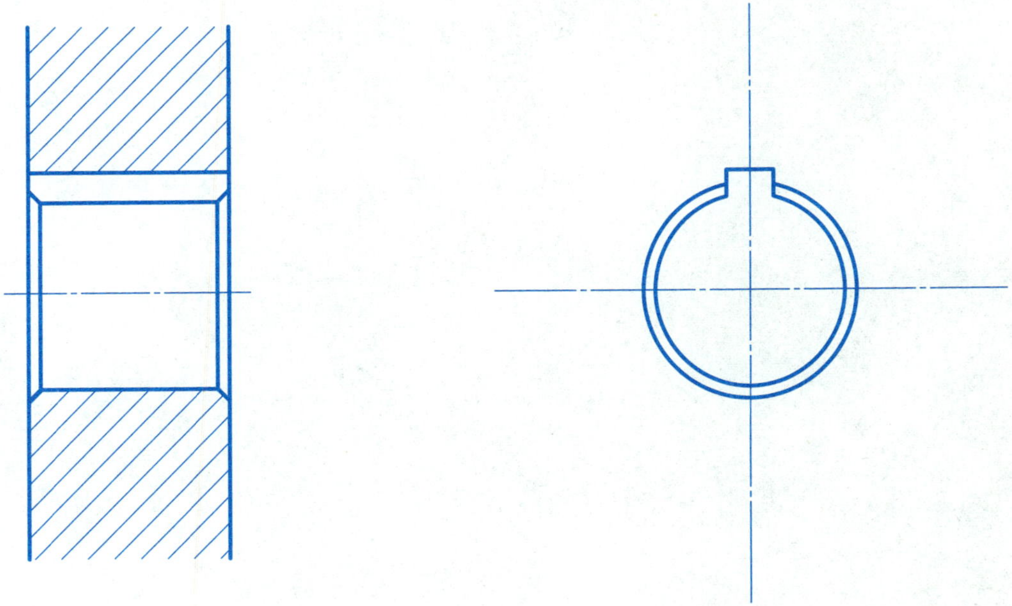

班级　　　　　姓名　　　　　学号

8-8　补画 A—A 剖视图。

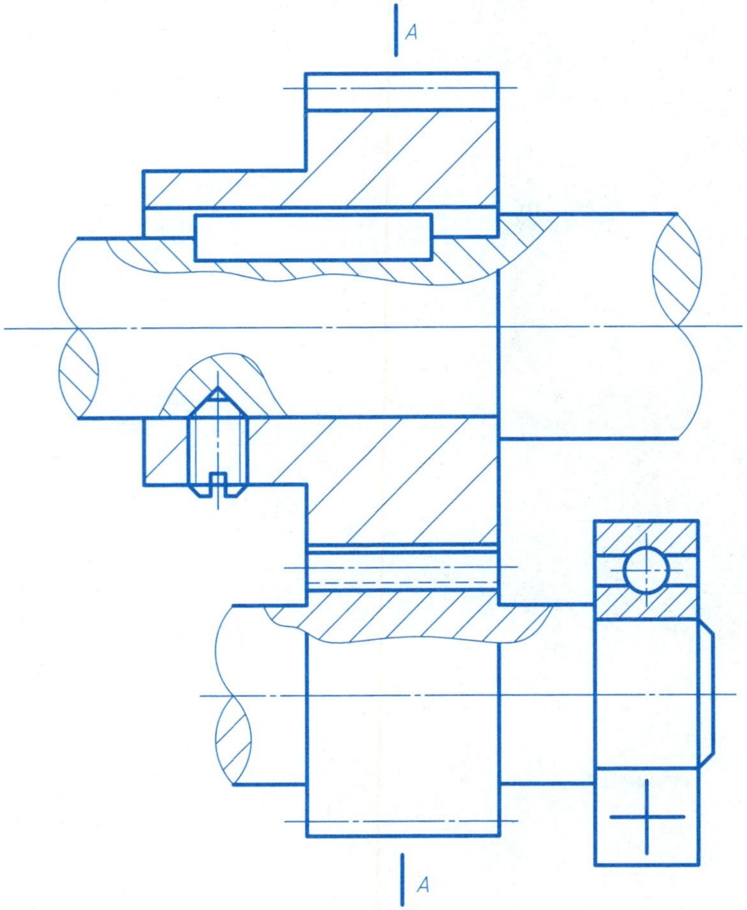

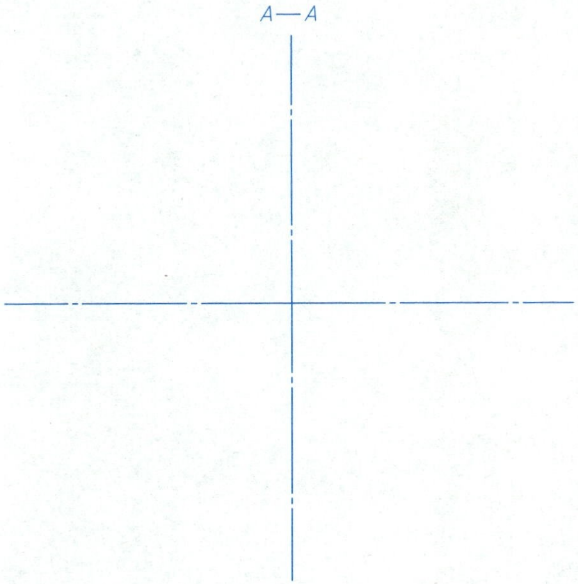

8-10 齿轮与轴用直径为 6mm 的圆柱销连接，查国家标准，写出销的标记，并补画销连接的全剖视图。

标记：

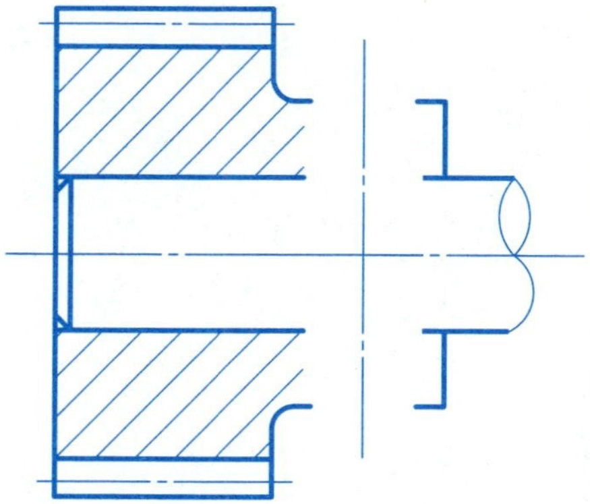

8-11 查国家标准，画出轴承的全剖视图。

1. 滚动轴承 6304 GB/T 276—2013

2. 滚动轴承 30204 GB/T 297—2015

8-12 已知圆柱螺旋压缩弹簧的外径为 ϕ42mm，总圈数为 9.5，支承圈数为 2.5，节距为 6mm，簧丝直径为 4mm，画出其全剖视图。

9-2　根据端盖的轴测图，采用合适的表达方法，完成零件图。

零件名称：端盖。

材料：HT150。

技术参数：未标注圆角 *R*2，表面结构要求如图所示。

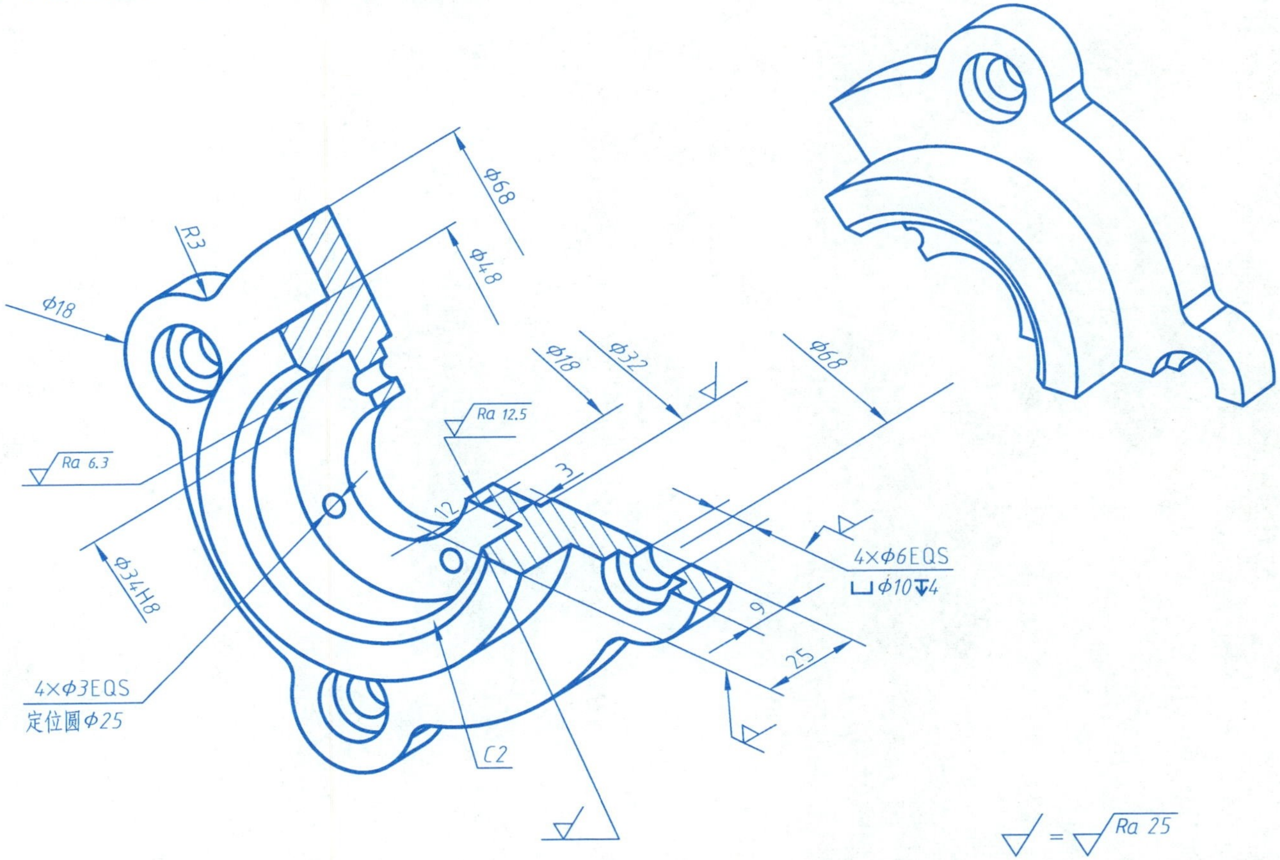

9-3　根据支架的轴测图，采用合适的表达方法，完成零件图。

零件名称：支架。

材料：HT200。

技术参数：未标注圆角 *R*3，ϕ30H7 的轴线相对于 ϕ45 左端面的垂直度公差值为 0.02mm。

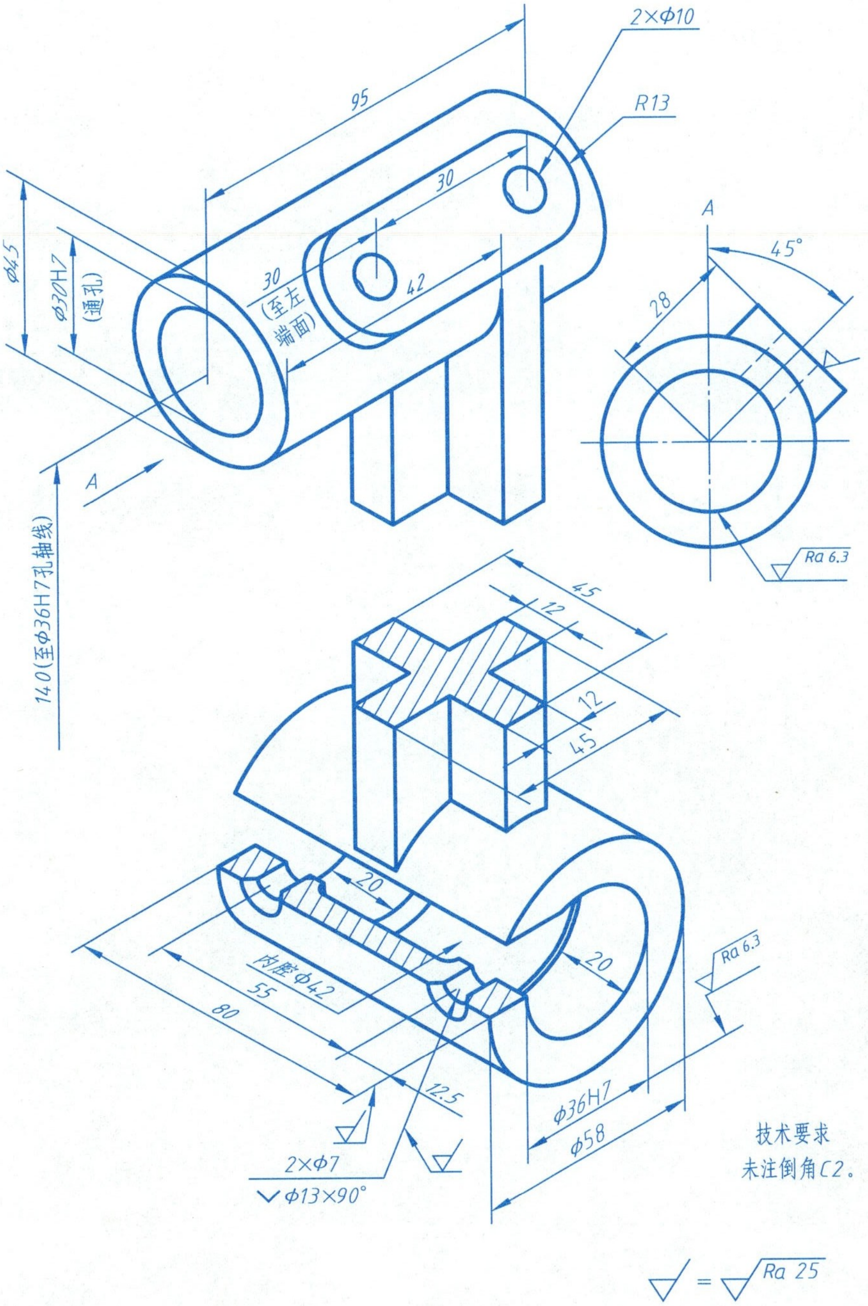

9-5　读主轴零件图，回答问题。

1）主轴零件图中采用______个基本视图，______个辅助视图；基本视图为______视图，它采用______剖视；最上方的图称为______图，下方的两个图称为______图。

2）用“△”在图中标注出轴向的主要尺寸基准。

3）键槽的长度尺寸为______，宽度尺寸为______，深度尺寸为______，定位尺寸为______。

4）左端有工艺结构尺寸 2×1，它表示________槽，该尺寸中，“2” 和 “1” 的含义分别是____________。

5）尺寸标注 *C*2 中 *C* 表示______，2 表示______。

6）符号“⊔”表示______。M16-6g 中 M 表示______，16 表示______，6g 表示______。

7）指出键槽底面、侧面和主轴表面粗糙度最高代号分别是______和______。

8）ϕ40h6 轴在公差与配合中称为______轴，其基本偏差和公差等级分别是______和______；如果把该尺寸实际加工成 ϕ40.003mm 是否合格：______。

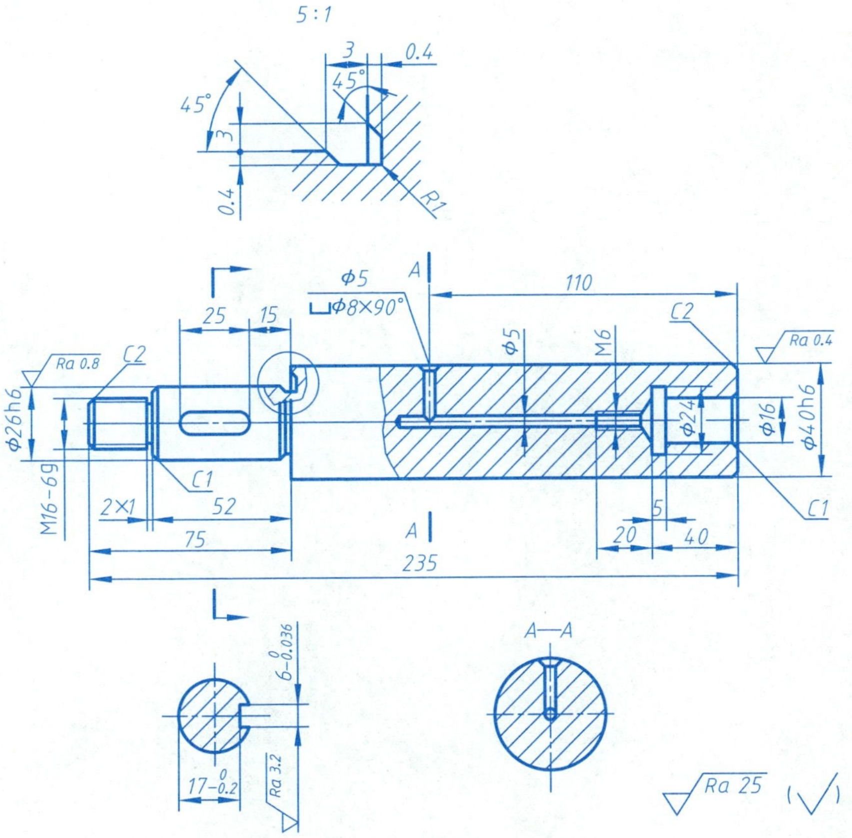

设计			45		(校名)
制图		(日期)			
审核			比例		主轴
班级		(学号)	共 张 第 张		(图样代号)

9-7　读轴承盖零件图，回答问题，并画出 *B—B* 剖视图。

1）主视图和左视图都采用了______视图的表达方法。

2）*B—B* 视图是用______视图表达______机件的方法。

3）图中，ϕ45 为______尺寸，ϕ30 为______尺寸（定形尺寸或定位尺寸）。

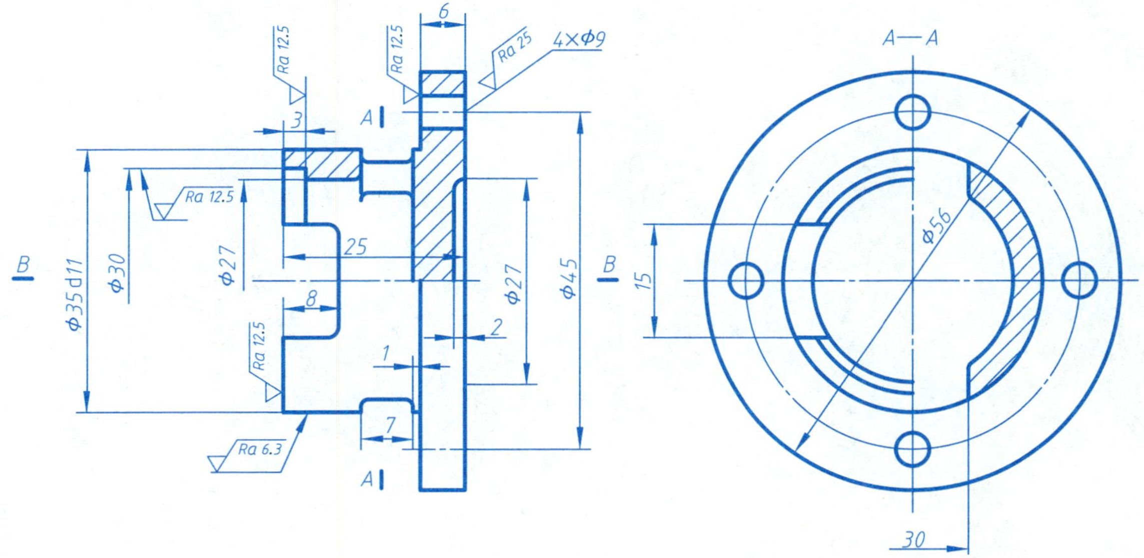

B—B

技术要求

1. 未注圆角为R3。
2. 铸件不得有气孔、裂纹等缺陷。

√(√)

设计		HT200	(校名)
制图	(日期)		
审核		比例	轴承盖
班级	(学号)	共　张　第　张	(图样代号)

班级　　　　姓名　　　　学号

9-8　读支座零件图，回答问题，并画出 *B* 向视图（虚线省略不画）。

1）零件上共有______个螺孔，其定位尺寸为______ mm。

2）主视图和左视图都采用了______的表达方法，*A* 为______。

3）用“△”在图中标注出长、宽、高三个方向的主要尺寸基准。

4）零件上要求最高的表面粗糙度为______，最低的表面粗糙度为______。

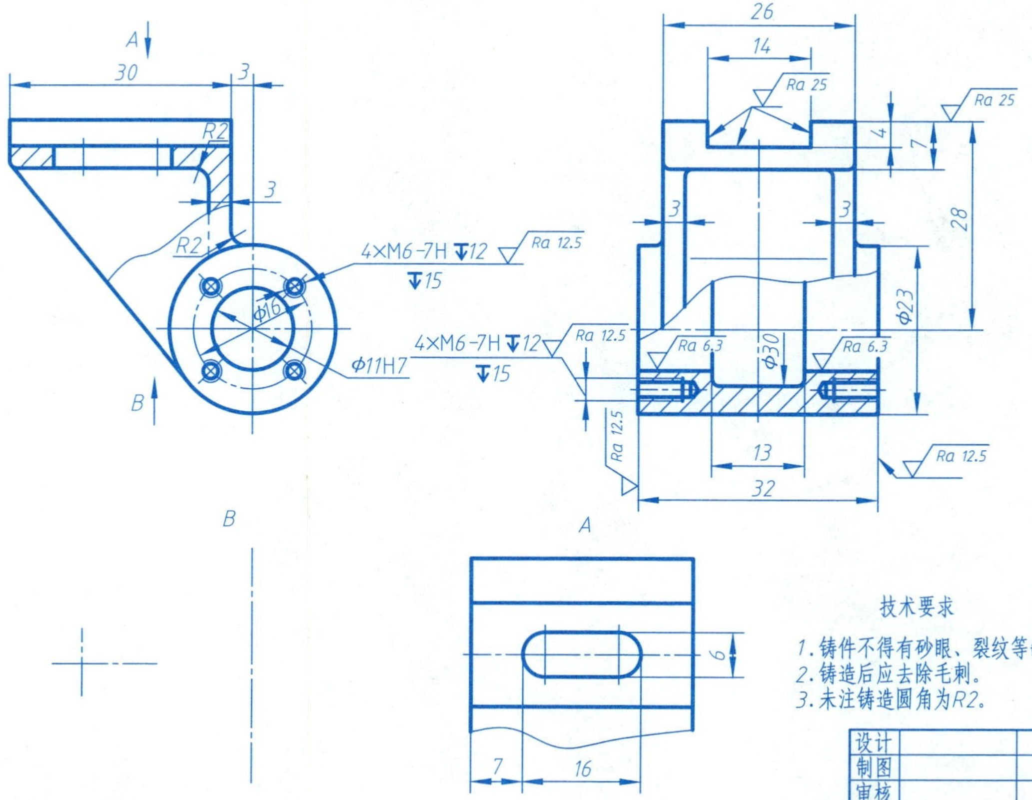

设计			HT200	(校名)
制图		(日期)		
审核			比例	支座
班级		(学号)	共　张 第　张	(图样代号)

9-10　读箱体零件图，回答问题。

1）本零件用了 3 个视图表达，它们是______，______和______。其中主视图是______剖视图，左视图是______剖视图，俯视图是______剖视图。

2）图中注有尺寸 6×M6-7H↧16 孔↧18EQS，其含义为________________________________。

3）主视图中肋板处有一断面，称为______，国家标准规定轮廓线用______绘制，肋板的作用是____________________。

4）在全部加工表面中，表面粗糙度要求最高和最低的分别是________________________。

5）主视图中有标注 ◎ ϕ0.025 B，含义为________________________________。

6）图中注有尺寸 ϕ62K7，其中 ϕ62 为______尺寸，K7 为______代号，其中 K 为______代号，7 为______。

7）零件的名称是______，所用的材料是______，其中字母的含义是__________。

8）左视图中有高度为 3 的凸台，该结构的作用是__________。

9）技术要求中第 2 条所指的圆角是一种______工艺结构。

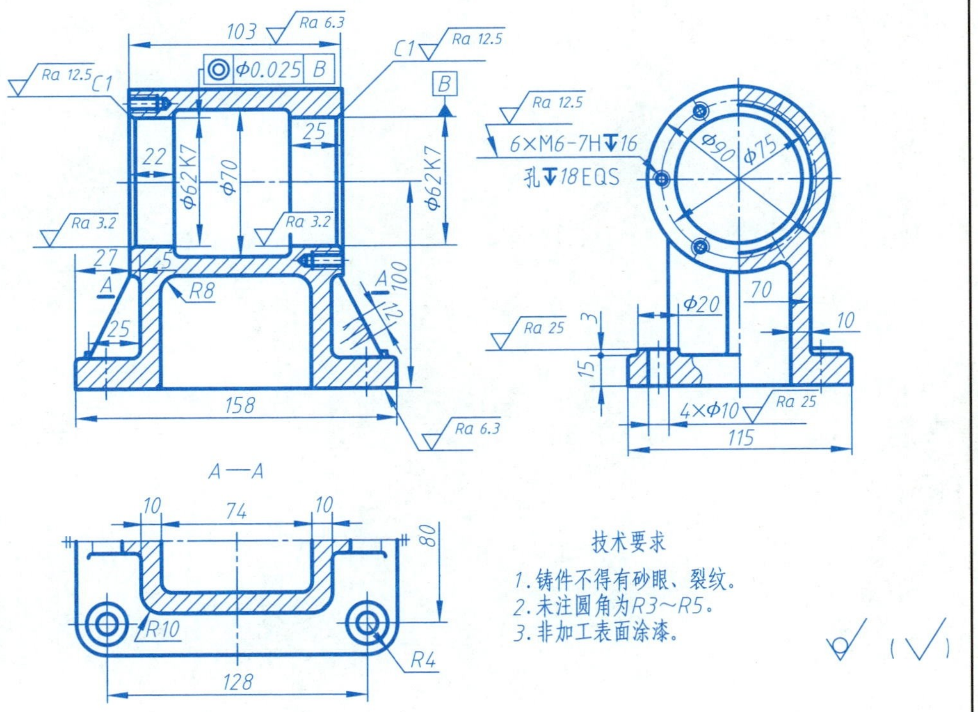

设计			HT200	(校名)
制图		(日期)	比例	箱体
审核				
班级		(学号)	共　张　第　张	(图样代号)

9-9　读阀体零件图，回答问题，并补画 *C* 向视图。

1）$\phi 9$ 是否为通孔：______。该孔的定位尺寸其长为______ mm，高为______ mm，宽度以______定位。

2）零件上左端面的表面粗糙度为______，标注 ϕ16H8 的表面粗糙度为______。

3）说明 M8×1-7H 的含义：M 表示______，8 表示______，1 表示______，7H 表示______。

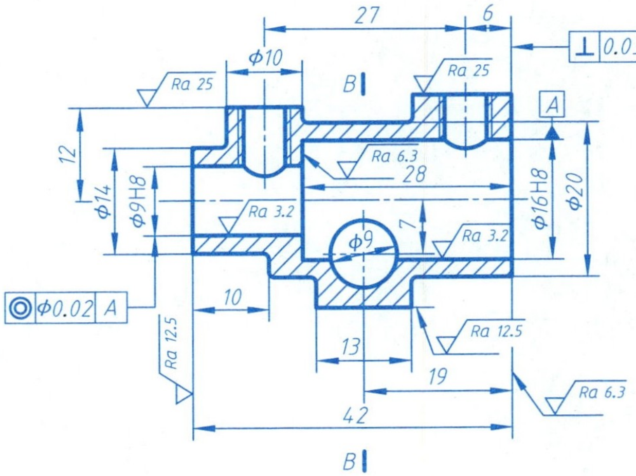

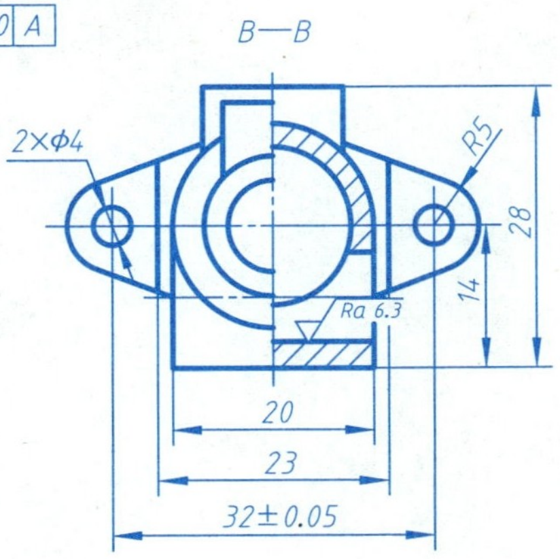

C

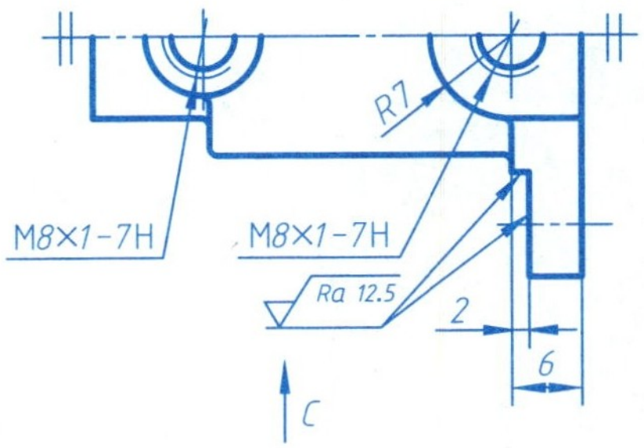

技术要求

1. 未注铸造圆角R3~R5。
2. 铸件不得有裂纹、砂眼等缺陷。
3. 铸造后应去除毛刺。

设计			HT200		(校名)
制图		(日期)	比例		阀体
审核					
班级		(学号)	共 张 第 张		(图样代号)

班级　　　　姓名　　　　学号

9-11　利用计算机进行绘图练习。

要求：

1. 绘制下列简化标题栏。
2. 抄画 9-5 至 9-9 的零件图并标注尺寸及技术要求。

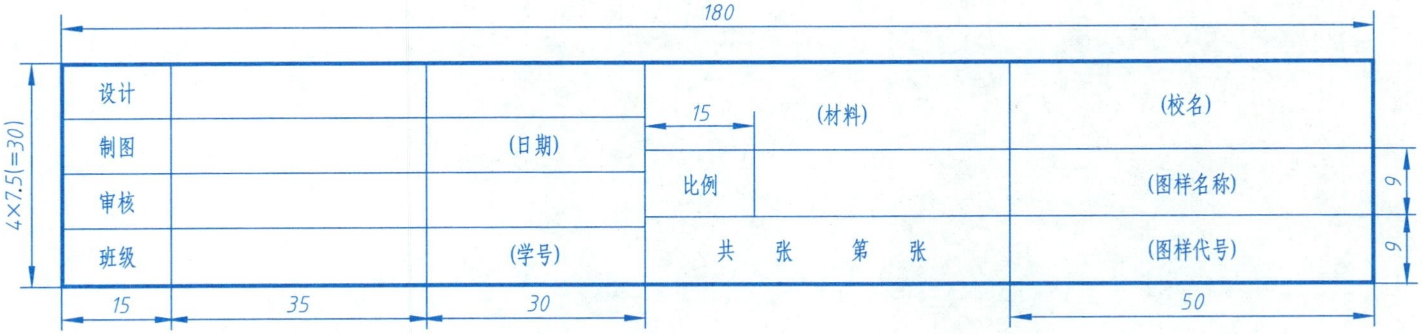

第 10 章　机械图样的技术要求

班级　　　　姓名　　　　学号

10-1　根据表中给定的表面结构参数值，在视图中标注出其相应的代号。

工作面	轮齿工作面和轴孔	键槽两侧面	轮齿两端面及倒角	其余
表面结构参数 *Ra*/μm	6. 3	6. 3	12. 5	不去除材料

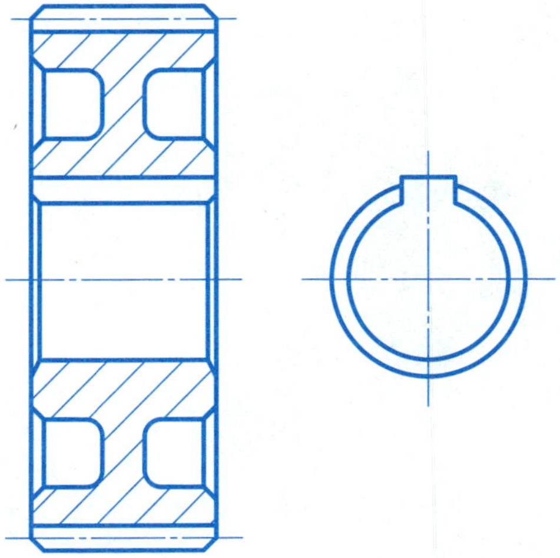

表面	表面结构参数/μm	表面	表面结构参数/μm
ϕ48mm 圆柱面	*Ra*12. 5，*Rz* 25	左右两端面	*Ra* 6. 3
ϕ30mm 圆柱面	*Ra* 3. 2	两端倒角	*Ra* 6. 3
ϕ25mm 圆柱面	*Ra* 0. 8	ϕ30mm 右端面	*Ra* 25

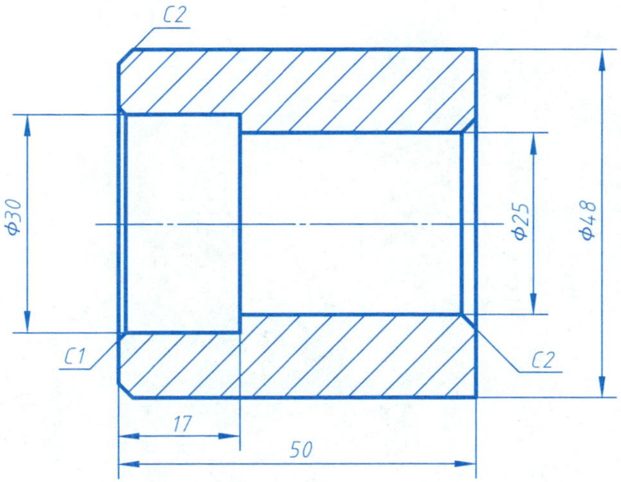

回答问题：

1）代号√Ra 6.3的含义是什么？

____

2）代号√Ra 50的含义是什么？

____

班级　　　　姓名　　　　学号

10-2　参照第 1 题填空说明图中几何公差的含义。

1.

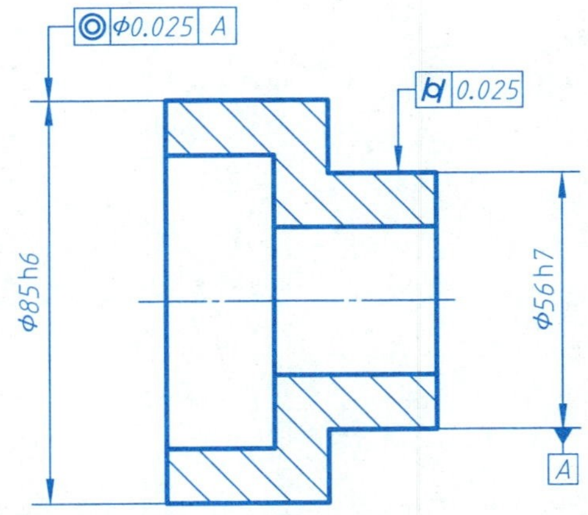

ϕ85 的轴线对 ϕ56 的轴线的同轴度公差为 ϕ0.025mm，ϕ56 的圆柱面的圆柱度公差为 0.025mm。

2.

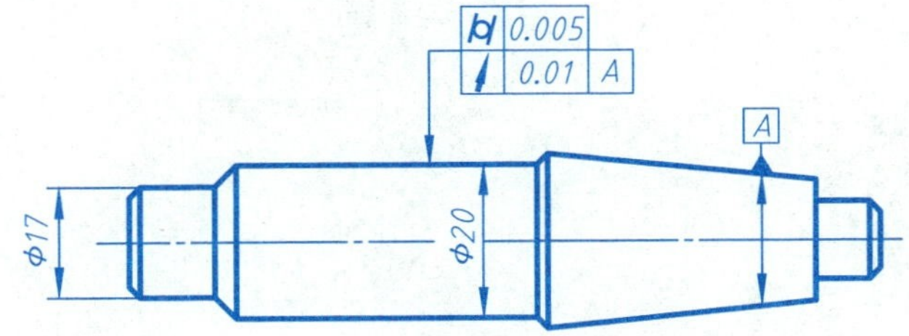

______圆柱面的______公差为______，______圆柱面对圆锥轴段的轴线的______公差为______。

3.

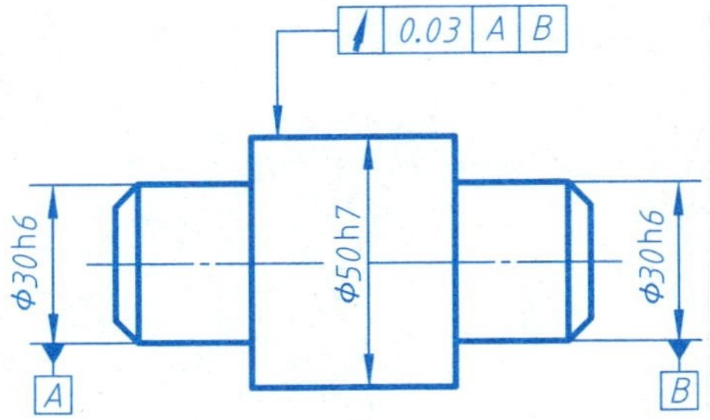

______圆柱面对两个______公共轴线的______公差为______。

4.

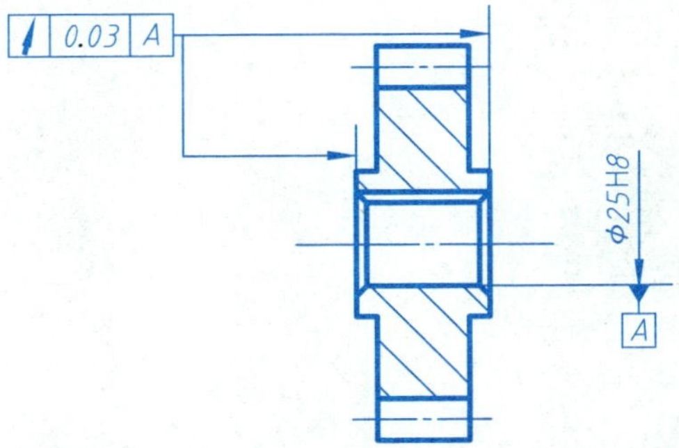

齿轮轮毂的两______面对______的轴线的______公差为______。

5.

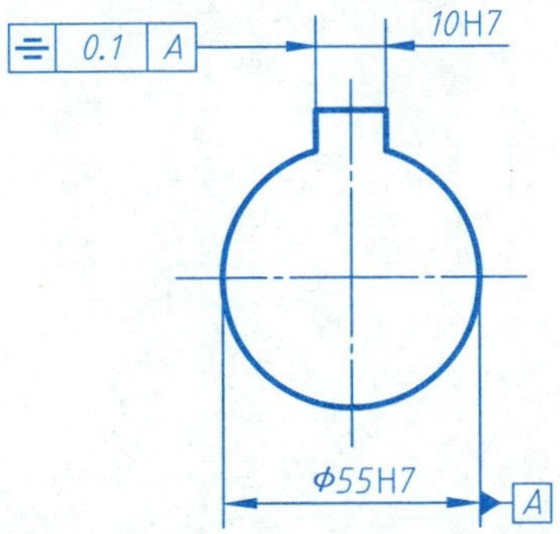

键槽的______对______轴线的______公差为______。

班级　　　　姓名　　　　学号

10-3　1. 根据装配图的尺寸，查国家标准将公称尺寸和极限偏差标注在相应的零件图中；2. 在装配图中注出尺寸；3. 填空。

1.

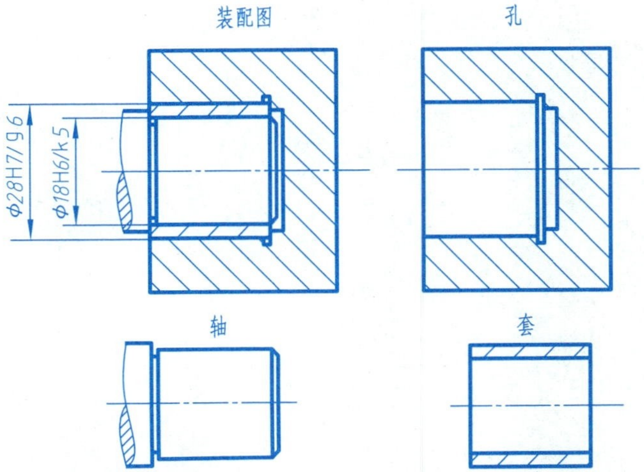

1）ϕ28H7/g6 的含义如下。

公称尺寸______，是基______制。

公差等级：孔______级，轴______级，______配合。

孔的上极限偏差为______、下极限偏差为______。

轴的上极限偏差为______、下极限偏差为______。

基本偏差代号：孔______、轴______。

2）ϕ18H6/k5 的含义如下。

公称尺寸______，是基______制。

公差等级：孔______级，轴______级，______配合。

孔的上极限偏差为______、下极限偏差为______。

轴的上极限偏差为______、下极限偏差为______。

基本偏差代号：孔______、轴______。

2.

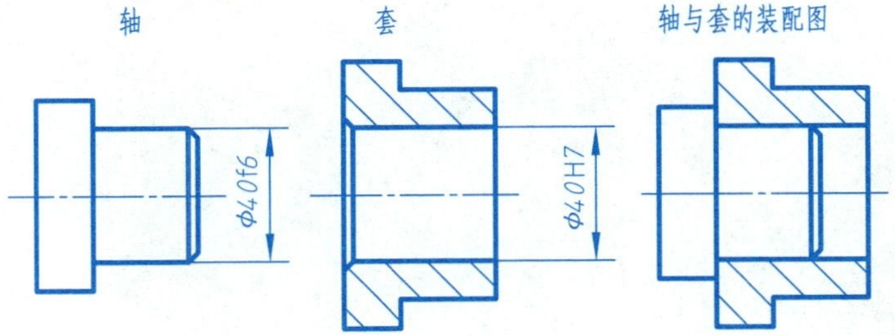

3.

1）尺寸的公差带是由______和______两部分组成的。其中______确定了公差带的位置，______确定了公差带的大小。

2）配合有______和______两种基准制。配合分为______、______和______三种。孔的公差带位于轴的公差带之上时，称为______配合；孔的公差带位于轴的公差带之下时，称为______配合；孔与轴的公差带交错重叠时，称为______配合。

3）基孔制的孔（基准孔）用代号______，其基本偏差值为______。基轴制的轴（基准轴）用代号______，其基本偏差值为______。

4）国家标准中规定的公差等级共有______级，其中最高级为______，最低级为______。

11-1　根据千斤顶的装配示意图和零件图，绘制其设计装配图。

千斤顶工作原理

千斤顶是一种小型起重工具，当工作时，绞杠 3 插入螺旋杆 7 上部的孔中，转动绞杠，螺旋杆在螺套 5 中靠螺纹的作用上、下移动（因螺套与底座 6 通过螺钉 4 连接在一起），通过顶垫 1 将重物顶起或落下。由于螺钉 2 将顶垫与螺旋杆连接但不固定，因此防止了顶垫随螺旋杆一起旋转且不脱落。

件号	名称	件数	标准号
2	螺钉 M8×12	1	GB/T 75—2018
4	螺钉 M10×10	1	GB/T 73—2017

千斤顶装配示意图

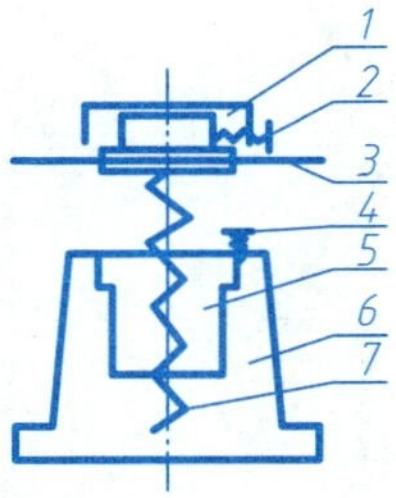

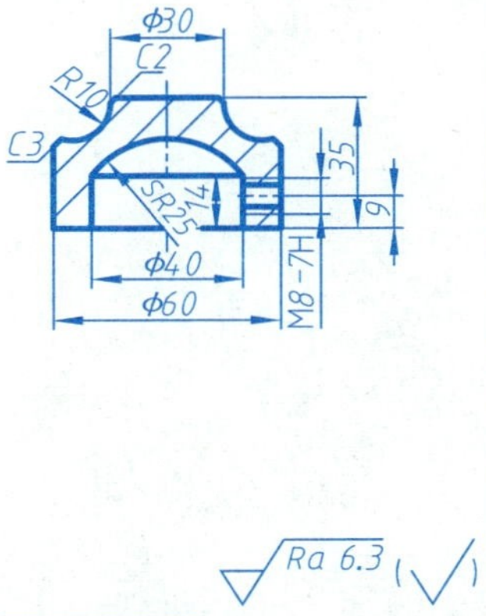

1 顶垫　材料：A3

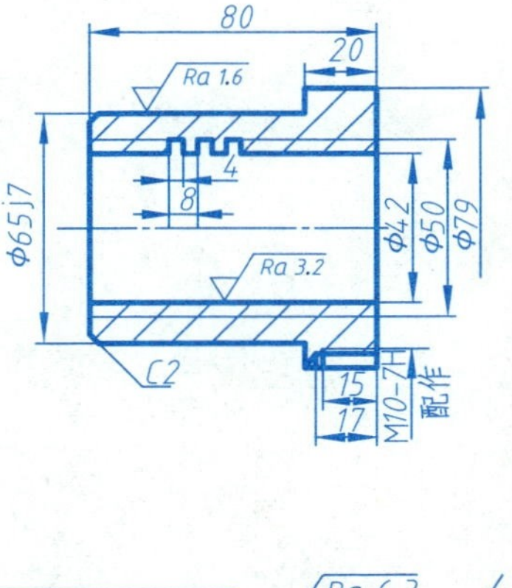

5 螺套　材料：45

3 绞杠　材料：A2

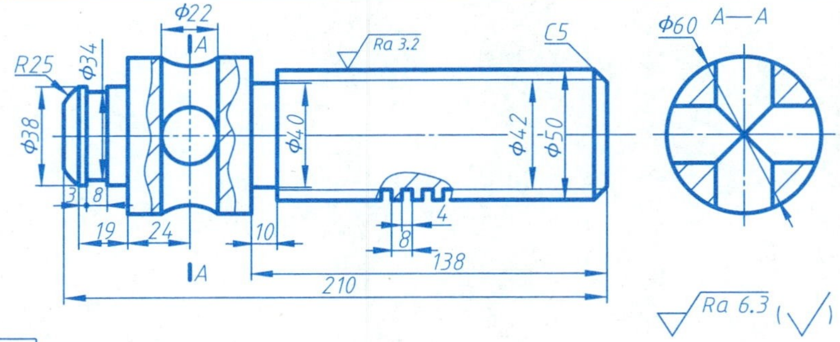

7 螺旋杆　材料：A4

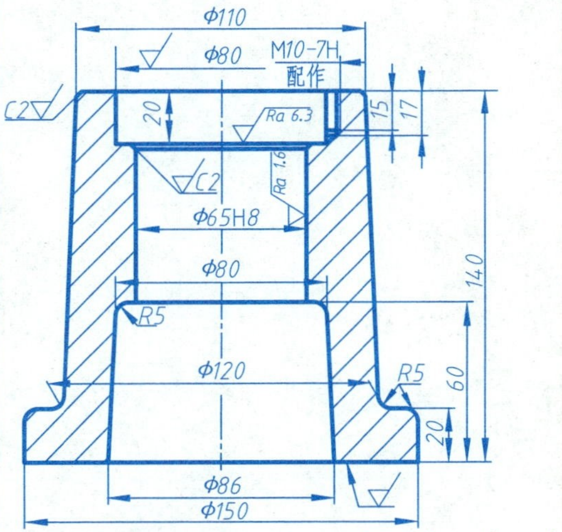

6 底座　材料：HT200　　√ = √Ra 25　　◯√ (√)

班级　　姓名　　学号

11-2　读装配图，拆画零件图（一）。

1. 工作原理：手压阀是手动控制管道开、闭的装置。转动压杆 9 使阀杆 7 下移，放开阀门。放开压杆 9，阀杆 7 在弹簧 3 的作用下，将阀门关闭。

2. 读懂“手压阀”的装配图，拆画阀体 4 的零件图，要求选用合适的表达方法表示形体，尺寸、表面粗糙度等省略。

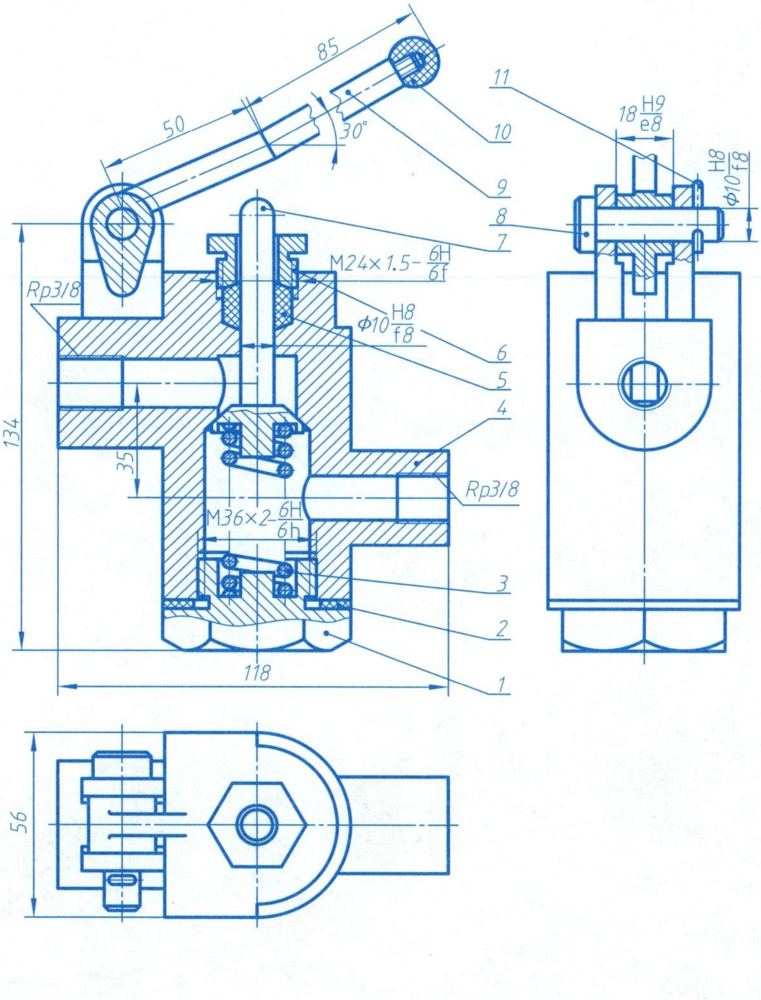

序号	代号	名称	数量	材料	单件重量	总计重量	备注
11	GB/T 91—2000	销 2.5×16	1	Q235-A			
10	LB03.08	手把	1	塑料			
9	LB03.07	压杆	1	Q235-A			
8	LB03.06	轴	1	40			
7	LB03.05	阀杆	1	Q235-A			
6	LB03.04	压盖	1	Q235-A			
5		填料	1	石棉绳			无图
4	LB03.03	阀体	1	HT200			
3	GB/T 2089—2009	弹簧 3×18×55	1	碳素弹簧钢丝Ⅱ组			
2	LB03.02	垫片	1	纸片			
1	LB03.01	螺母	1	Q235-A			

设计			(校名)
制图	(日期)		
审核		比例	手压阀
班级	(学号)	共　张 第　张	(图样代号)

班级　　　　姓名　　　　学号

11-2　读装配图，拆画零件图（二）。

1. 工作原理：虎钳安装在工作台上，用来夹紧被加工的零件。装在钳身 1 内的螺杆 2 只能绕轴线转动，不能作轴向移动。当螺杆 2 转动时，通过 Tr12×3 梯形螺纹传动，活动钳身 3 移动，将零件夹紧、放松。

2. 读懂“虎钳”的装配图，拆画钳身 1 的零件图，要求选用合适的表达方法表示形体，标注有公差带代号的尺寸和螺纹代号，其余尺寸与表面粗糙度代号可省略。

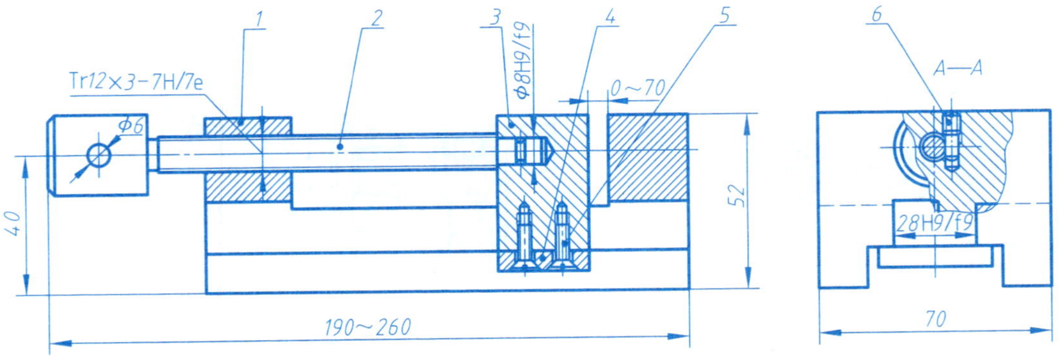

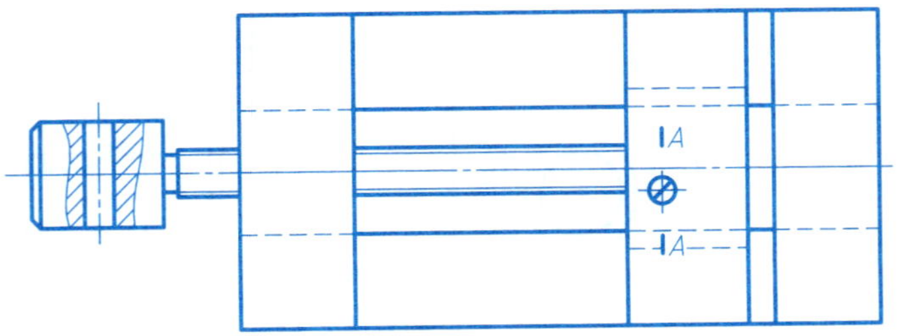

序号	代号	名称	数量	材料	单件重量	总计重量	备注
6	GB/T 829—1988	螺钉M 6×18	1				
5	GB/T 68—2016	螺钉M 4×14	2				
4		压板	1	Q235-A			
3		活动钳身	1	HT150			
2		螺杆	1	45			
1		钳身	1	HT200			

设计				(校名)
制图		(日期)	比例	虎钳
审核				
班级		(学号)	共　张 第　张	(图样代号)